高等院校技能应用型教材·计算机应用系列

办公软件高级应用案例实践
（Office 2019）

李　勇　赵建锋　王定国　主　编

电子工业出版社
Publishing House of Electronics Industry
北京·BEIJING

内 容 简 介

本书深入探讨了 Office 2019 主要组件的应用，以案例和任务实施为主线组织教学内容，内容包括 Office 2019 简介、Word 2019、Excel 2019、PowerPoint 2019，以及 Office 2019 单选题和判断题等。

本书是《办公软件高级应用教程（Office 2019）》的配套教材，可作为学习和实践办公软件高级应用的教学用书，也可作为计算机等级考试的辅导用书。

图书在版编目（CIP）数据

办公软件高级应用案例实践：Office 2019 / 李勇，赵建锋，王定国主编. —北京：电子工业出版社，2021.8

ISBN 978-7-121-41890-7

Ⅰ. ①办…　Ⅱ. ①李…②赵…③王…　Ⅲ. ①办公自动化—应用软件　Ⅳ. ①TP317.1

中国版本图书馆 CIP 数据核字（2021）第 175701 号

责任编辑：薛华强

印　　刷：北京天宇星印刷厂

装　　订：北京天宇星印刷厂

出版发行：电子工业出版社

　　　　　北京市海淀区万寿路 173 信箱　邮编 100036

开　　本：787×1092　1/16　印张：8.75　字数：253 千字

版　　次：2021 年 8 月第 1 版

印　　次：2021 年 8 月第 1 次印刷

定　　价：30.00 元

凡所购买电子工业出版社图书有缺损问题，请向购买书店调换。若书店售缺，请与本社发行部联系，联系及邮购电话：（010）88254888，88258888。

质量投诉请发邮件至 zlts@phei.com.cn，盗版侵权举报请发邮件至 dbqq@phei.com.cn。

本书咨询联系方式：（010）88254569，xuehq@phei.com.cn。

前　言

　　当今社会，计算机办公软件的应用已融入各行各业，并发挥着越来越重要的作用。办公软件能做什么？怎么做？对这些问题的不同认识深刻地影响着我们学习和工作的效率。

　　本书既是《办公软件高级应用教程（Office 2019）》的配套教材，也可作为一本案例实践教材独立使用。本书深入探讨了 Office 2019 主要组件的应用，以案例和任务实施为主线组织教学内容，是学习和实践办公软件高级应用的理想教材。本书提供的丰富案例将对读者顺利通过浙江省高校计算机等级考试起到积极的作用。

　　第 1 章为 Office 2019 简介，对 Office 2019 主要组件的功能和应用进行了简单的综述；第 2 章为 Word 2019，主要介绍样式和格式、分隔设置（分页和分节）、域的使用、版面设计、文档审阅和模板的应用；第 3 章为 Excel 2019，主要介绍数据验证、公式和函数、以及条件格式、数据筛选、数据透视图和数据透视表等数据分析和管理工具的应用；第 4 章为 PowerPoint 2019，主要介绍幻灯片版式、主题、动画设计和幻灯片放映设置；第 5 章为 Office 2019 单选题和判断题，内容涵盖 Word 2019、Excel 2019、PowerPoint 2019、Office 2019 文档安全、VBA 宏及其应用、Outlook 2019 邮件与事务日程管理等。

　　本书由浙江工业大学之江学院李勇、赵建锋、王定国担任主编，桂婷、杜丰参与了本书的编写，全书由李勇统稿。

　　由于编者水平有限，本书在案例取舍和内容阐述等方面可能存在诸多不足，敬请广大读者批评指正。读者在使用本书过程中如果需要其中的案例素材，可与编者联系。编者邮箱：liy@zjut.edu.cn。

编　者

2021 年 6 月于杭州

目 录

第1章 Office 2019 简介

Office 2019 是微软公司在 Office 2016 的基础上研发的新一代办公软件。相比之前的几个版本，其界面更简洁、功能更完善、文件更安全，还具有无缝高效的沟通协作功能。本章主要对 Office 2019 进行概述，介绍常用组件的基本功能和应用。

1.1 了解 Office 2019

Office 2019 包含了很多应用组件，主要有 Word 2019、Excel 2019、PowerPoint 2019、Access 2019、Outlook 2019、OneNote 2019、Publisher 2019、InfoPath 2019 等，而 Word 2019、Excel 2019、PowerPoint 2019 又被视为其中最常用的组件。

1. Word 2019

Word 是 Office 的重要组件之一，主要用于创建和编辑各类文档，方便用户编辑文字、制作图表、排版文档等，并提供了丰富的审阅、批注和比较功能。

Word 2019 增强了导航功能，用户使用新增的"文档导航"窗格和搜索功能可以轻松驾驭长文档的编辑和阅读。在"文档导航"窗格中，Word 会列出应用了标题样式的文本，在这里无须通过复制和粘贴而直接通过拖放各项标题即可轻松地重新组织文档，如图 1-1 所示。此外，用户还可以在搜索框中进行实时查找，包含所键入关键词的章节标题会高亮显示。

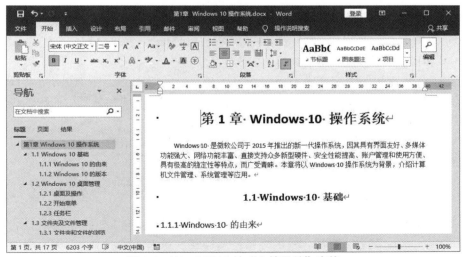

图 1-1 Word 2019 的"文档导航"窗格

2. Excel 2019

Excel 也是 Office 中应用最广泛的组件之一，它主要用于电子表格的制作和对各种数据的组织、计算和分析等。通过 Excel 可以方便地输出各种复杂的图表和数据透视表。

在 Excel 2019 中，新增了迷你图和切片器等功能。软件可根据用户选择的数据直接在单元格内画出折线图、柱状图等，以便用户了解数据模式或变化趋势，如图 1-2 所示为在单元格内生成的迷你图。

图 1-2　Excel 2019 中的迷你图

3. PowerPoint 2019

PowerPoint 是一款功能非常强大的演示文稿制作软件，使用它可以方便地创作出包含文本、图表、剪贴画和其他艺术效果的幻灯片。PowerPoint 被广泛应用于会议、教学、演讲、产品演示等场合。

PowerPoint 2019 除新增了许多幻灯片切换、对象动画和图片处理特效外，还增加了许多视频功能。用户可以直接在 PowerPoint 2019 中设定或调节视频的开始时间和终止时间，并能将视频嵌入 PowerPoint 文件中。

4. Access 2019

Access 是一款关系数据库管理软件，内置了 Microsoft Jet Database Engine，能够存取 Access/Jet、Microsoft SQL Server、Oracle 及任何 ODBC 兼容数据库的数据。用户使用 Access 可以进行简单的数据库应用软件的开发。

Access 2019 比以前的版本更具优势，比如入门更简单、更轻松；包含了具有智能感知功能的宏生成器；增强了表达式生成器；改进了数据表视图；报表支持数据条，更加便于跟踪趋势；在 Web 上共享数据库等。

5. Outlook 2019

Outlook 既是一款个人信息管理软件，也是一款电子邮件通信软件，用户可以在不登录邮箱网站的情况下收发邮件，还可以进行管理联系人、写日记、安排日程、分配任务等操作。

Outlook 2019 较之前的版本，增加了以下新特点。

（1）在一个配置文件中管理多个用户账户。在老版的 Outlook 中，在一个配置文件中只能建立一个 Exchange 用户账户，而新版本的 Outlook 中不仅支持多种类型的账户在一个配置文件中并存，还支持多个 Exchange 用户账户并存。

（2）轻松管理大量邮件。对话视图功能是 Outlook 2019 新增的一个亮点，通过不同的排序方式帮助用户更快、更好地管理大量电子邮件。

（3）轻松高效的计划。通过电子邮件日历功能，用户可以对一年中的任何一天做出详细的工作计划表，并将待办事项的时间精确到小时。

（4）通过临时通话使沟通更直接。将 Office Communicator 与 Outlook 2019 结合使用，可以看到 Communicator 联系人名单，将鼠标指针悬停在联系人的姓名上，能够查看他们是否空闲，然后直接通过即时消息、语音呼叫或视频等方式方便地启动会话。

6. OneNote 2019

OneNote 是一款数字笔记本软件，最早集成于 Office 2003 中，它为用户提供了收集笔记和信息的环境。OneNote 提供了强大的搜索功能和易用的共享笔记本功能，搜索功能可以使用户迅速找到所需的内容，而共享笔记本功能可以使用户更有效地管理信息超载和协同工作。

OneNote 2019 在以前版本的基础上进行了优化，比如优化了网络连接，从而提高了执行效率，也方便了用户使用。

7. Publisher 2019

Publisher 是一款出版应用软件，用于创建、设计和发布专业的营销和通信材料，Publisher 提供了比 Word 更强大的页面元素控制功能，但与专业的页面布局软件相比，Publisher 还是略逊一筹，因此 Publisher 常被认为是一款入门级的桌面出版应用软件。

与旧版本相比，Publisher 2019 改善了桌面发布体验，并提高了结果的可预知性，主要的新特性包括：有助于提高打印效率，提供了更好的打印体验、新的对象对齐技术、新的照片放置和操作工具、内容的构建基块以及精美的版式选项等。

8. InfoPath 2019

InfoPath 是一款用于创建和部署电子表单的软件，可以高效且可靠地收集信息。InfoPath 集成了许多界面控件，如 Date Picker、文本框、可选节、重复节等，同时提供了很多表格的页面设计工具，IT 开发人员可以为每个控件设置相应的数据有效性规则或数学公式，同时也方便了企业开发表单收集系统。InfoPath 文件的扩展名是 ".xml"，可见 InfoPath 是基于 XML 技术的，即它采用了数据存储的中间层技术。

InfoPath 2019 提供了众多新特性，比如简化了工作流、改进了设计和布局、与 SharePoint 进行了更深入的集成、为表单提供了增强的功能和控件支持等。

1.2　Office 2019 常用组件的界面

1. "文件" 选项卡

在 Office 2019 中，各组件的 "文件" 选项卡取代了 Office 旧版本中的 "Office 按钮" 及 "文件" 菜单。"文件" 选项卡是一个位于窗口左上角的带颜色的选项卡，它也被称为 "Backstage 视图"（后台视图），如图 1-3 所示为 Word 2019 的 "文件" 选项卡。用户在 Backstage 视图中可以管理文件及其相关数据，包括创建、保存、检查隐藏的元数据或个人信息，以及设置选项等。简而言之，用户可以通过该视图对文件执行所有无法在文件内部完成的操作。

图 1-3　Word 2019 的 "文件" 选项卡

单击"文件"选项卡后，会显示许多基本命令，它们与单击 Office 旧版本中的"按钮"及"文件"菜单后所显示的命令大致相同，如"打开"、"保存"和"打印"等，如图 1-4 所示为 Word 2019 的 Backstage 视图。在 Backstage 视图中，根据用户选择的命令，Word 2019 会切换不同的交互方式来突出显示某些命令。例如，当文档的权限设置可能限制编辑功能时，"信息"选项卡上的"权限"命令会以红色突出显示。若要从 Backstage 视图返回文档，可再次单击"开始"选项卡，或者按键盘上的 Esc 键。

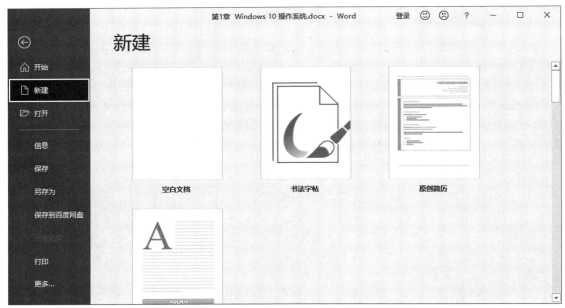

图 1-4　Word 2019 的 Backstage 视图

2. 快速访问工具栏

快速访问工具栏是一个可以自定义的工具栏，用于放置常用的命令，以便用户快速完成相关的操作。通常情况下，它位于 Office 应用程序窗口的左上角，如图 1-5 所示为 Word 2019 的快速访问工具栏。

图 1-5　Word 2019 的快速访问工具栏

默认情况下，快速访问工具栏只包含少数几个命令，如"保存"、"撤销"和"重复"等。不过，用户可以根据需要添加多个自定义命令，添加的方法是单击快速访问工具栏右边的下拉按钮，在弹出的下拉列表中选择需要的选项，如图 1-6 所示，如需更多命令，还可以在下拉列表中选择"其他命令"选项，然后在弹出的"选项"对话框中进行设置。

图 1-6　"自定义快速访问工具栏"下拉列表

3. 功能区和选项卡

功能区和选项卡是包含和被包含的关系，Office 2019 将常用的命令功能以选项卡的形式进行组织，形成了新的功能区，它相当于 Office 2003 及更早版本中的菜单栏和工具栏。在每个选项卡里，各种命令功能又被划分到不同的功能组（简称"组"）中，这种设计方式使用户在使用时更加方便快捷。Word 2019 "开始"选项卡功能区、Excel 2019 "开始"选项卡功能区和 PowerPoint 2019 "开始"选项卡功能区分别如图 1-7a～图 1-7c 所示。微软公司将这种设计界面称为 Ribbon UI，并将这种风格应用到了其他许多软件工具中，如画图、写字板等。

图 1-7a　Word 2019 "开始"选项卡功能区

图 1-7b　Excel 2019 "开始"选项卡功能区

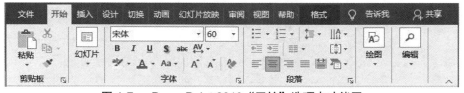

图 1-7c　PowerPoint 2019 "开始"选项卡功能区

在功能区中，单击选项卡的名称即可在不同的选项卡之间进行切换，每个选项卡下面都有许多自适应窗口的功能组，功能组为用户提供了许多常用的命令按钮或下拉列表。

4．扩展按钮

在某些选项卡的功能组中，经常能看到功能组的右下角有一个向右下方的小箭头，该小箭头被称为扩展按钮，它为该功能组提供了更多命令选项。单击扩展按钮好，通常会弹出一个带有更多命令的对话框或任务窗格。例如，在 Word 2019 中单击"开始"选项卡的"字体"组右下角的扩展按钮（见图 1-8），就会弹出用于设置字体格式的"字体"对话框。

图 1-8　Word 2019 "字体"组的扩展按钮

5．状态栏和视图栏

在 Office 2019 的窗口中，除功能区和编辑区外，还有状态栏和视图栏。状态栏位于窗口的底部，主要用于显示与当前工作状态有关的信息；视图栏则位于状态栏的右侧，用于切换文件的视图方式及设置窗口的显示比例。因为 Office 中的各组件的功能不同，所以它们的状态栏也有一定的区别。Word 2019 状态栏和视图栏、Excel 2019 状态栏和视图栏和 PowerPoint 2019 状态栏和视图栏分别如图 1-9a～图 1-9c 所示。

图 1-9a　Word 2019 状态栏和视图栏

图 1-9b　Excel 2019 状态栏和视图栏

图 1-9c　PowerPoint 2019 状态栏和视图栏

1.3　Office 2019 常用组件的基本功能

在本书的第 2 章～第 4 章中，我们将详细介绍 Word 2019、Excel 2019 和 PowerPoint 2019 的应用，这里主要介绍其他几个组件的基本功能，以便读者了解这些组件的应用。

1．Access 2019

Access 是一款关系数据库管理软件。用户使用该软件可以方便快捷地管理各种信息和数据，如通信录、业务流程等。Access 还提供了很多模板，即便是初学者也很容易上手。

Access 数据库的结构：在 Access 数据库中，任何事物都可以被称为对象，也就是说，Access 数据库由各种对象组成，包括表、查询、窗体、报表、数据访问页、宏和模块 7 种对象。其中，表用于存储信息，查询用于搜索信息，窗体用于查看信息，报表用于打印信息，数据访问页用于显示信息，宏用于完成自动化工作，模块用于实现复杂功能。

启动 Access 2019，打开 Backstage 视图，如图 1-10 所示，用户可以在 Backstage 视图中查看当前数据库的信息、新建空白数据库、打开现有的数据库和 Office.com 中的在线模板。

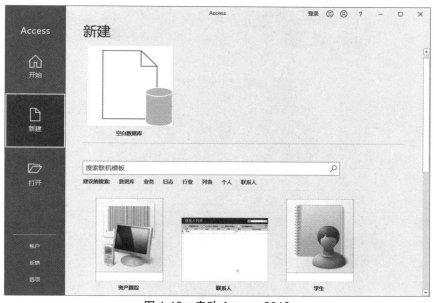

图 1-10　启动 Access 2019

单击新建区域中的"空白数据库"按钮，在弹出的"空白桌面数据库"对话框中设置文件的存储位置和文件名，单击"创建"按钮，创建一个新的数据库，Access 2019 窗口如图 1-11 所示。Access 2019 存储的数据库文件的文件名后缀为".accdb"。

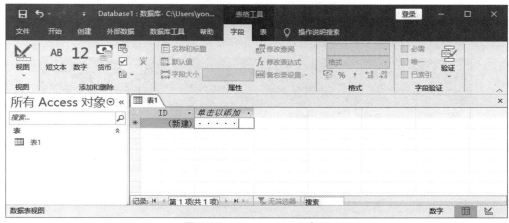

图 1-11　Access 2019 窗口

在 Access 2019 窗口的功能区下方，左边显示搜索栏和资源列表，右边显示当前表的信息。

在一个数据库里，有一张表或多张表，每张表可以包含很多记录，记录由字段组成。此时可以直接在表 1 上单击后添加字段，也可以切换至设计视图，如图 1-12 所示，切换视图前先保存第 1 张表。

图 1-12　切换至设计视图

进入设计视图后，对字段进行详细设置，由于各类字段的功能有所差别，用户应根据需要选择相应的字段类型。Access 2019 的常用字段类型如表 1-1 所示。

表 1-1　Access 2019 的常用字段类型

字 段 类 型	说　明
文本类型	数字和字符组合的数据，不是用来计算的数据
备注类型	涉及其他字段数据的可变大小的长文本，比如说明文字
数字类型	如果希望按数值排序并进行计算，应该选择数字类型
货币类型	存储货币数据，货币类型也可以参与计算
自动编号类型	选择此类型，Access 保证所有记录中该字段的值的唯一性，并且可以自动增加
日期/时间类型	存储日期和时间数据，如出生年月，入学时间等
"是/否"类型	True 或 False，适用于值只有两种可能的字段，如男和女
OLE 对象类型	将其他来源对象嵌入或链接到数据表中
超链接类型	将字段跳转到其他位置或链接到互联网上
查阅向导类型	创建一个被限制在有效值列表中的字段。

根据实际情况，设计表的各字段，如图 1-13 所示。

图 1-13　在设计视图下设计表的各字段

　　第一个字段是 ID，采用自动编号的方式，钥匙图标表示该字段被设置为主键。主键（Primary Key）是表中的一个字段，可以唯一标识表中的某条记录。主键的值不可重复，也不可为空（NULL）。一般情况下，Access 会自动为表添加 ID，并将其设置为主键，不过，用户可以根据需要修改主键。

　　保存字段后回到数据表视图，如图 1-14 所示。

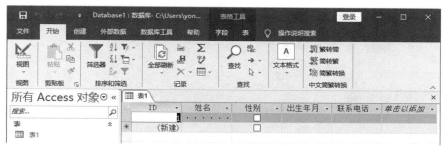

图 1-14　数据表视图

　　根据设计的表填写数据。其中，ID 字段不需要填写，性别字段需要勾选，出生年月字段可以显示日历，如图 1-15 所示。

图 1-15　出生年月字段可以显示日历

　　在出生年月字段中，也可以按照"年-月-日"的格式手动添加数据。完成后如图 1-16 所示。

图 1-16　在出生年月字段中手动添加数据

　　用户可以根据需要继续在数据库中添加新表，可以采用导入的方法将其他数据库或 Excel 中已有的数据导入新表中，并通过菜单中的命令对数据进行筛选、排序等操作，用户还可以在表与表之间建立联系，交叉查询数据。

　　Access 是 Office 组件中的一款比较复杂和专业的独立软件，有兴趣的读者可以查阅相关资料深入学习。

2. OneNote 2019

　　OneNote 是 Office 组件中的一款具有记笔记功能的软件，它类似于文件夹，可以完成组织、分类等操作，并且拥有强大的记录功能，使用 OneNote 所生成的文件可以在云端共享，因此它是一款非常好用的随身工具。

在先前的版本中，使用 OneNote 所生成的文件的文件名后缀为".one"，自 2019 版起，文件的文件名后缀改为".onetoc2"。

创建一个新笔记本，可以在菜单栏中选择"文件"→"新建"选项，如图 1-17 所示。新笔记本可以存储在三个位置（Web、网络和我的电脑），前两个选项表示在网络上已经申请的空间里新建笔记本，这里选择"我的电脑"选项，设置存储位置，输入名称后，单击"创建笔记本"按钮。

图 1-17　在 OneNote 2019 中新建笔记本

进入 OneNote 2019 后，窗口左侧是笔记本列表，中间是笔记本的分区，右边是分区里的记录页，如图 1-18 所示。

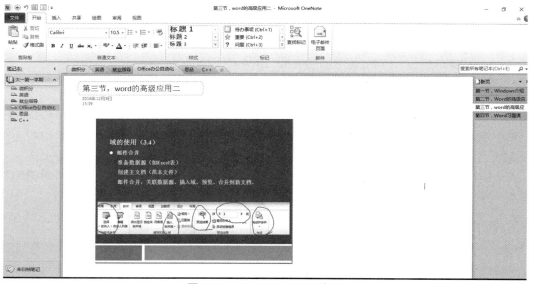

图 1-18　OneNote 2019 窗口

从图 1-18 中我们可以看出,"大一第一学期"笔记本包含了微积分、英语、就业指导、Office 办公软件、思品、C++这些课程,进入每门课程后,在窗口的右侧又可以继续新建记录页。

单击"插入"选项卡,如图 1-19 所示。在每个记录页中,可以插入表格、图片、屏幕剪辑、附加文件、录音和录像等。此外,还可以复制图片中的文本,将其粘贴至记录页中,即可得到图片中的文本,如图 1-20 所示。

图 1-19　"插入"选项卡

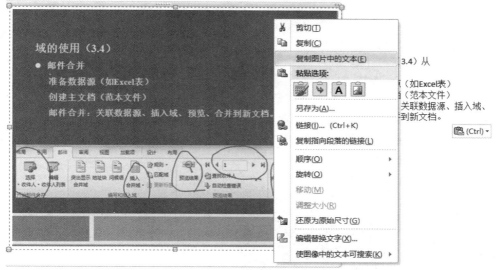

图 1-20　复制图片中的文本

OneNote 还有一个功能非常实用,叫作"停靠到桌面"功能,用户可以在"视图"选项卡中单击"停靠到桌面"按钮,如图 1-21 所示。使用该功能后,OneNote 窗口就会固定在屏幕的右侧,用户可以在左侧的其他窗口和右侧的 OneNote 窗口之间自由切换。

图 1-21　"停靠到桌面"按钮

OneNote 还可以通过网络共享文件,具体内容请参阅相关文档。

3. Publisher 2019

Publisher 是 Office 的组件之一,其使用方法和 Word、PowerPoint 非常相似,它是一款入门级的桌面出版应用软件。Publisher 所生成的文件的文件名后缀为".pub"。

如图 1-22 所示为 Publisher 2019 的 Backstage 视图。

办公软件高级应用案例实践（Office 2019）

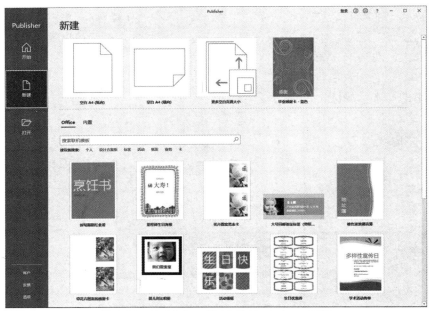

图 1-22　Publisher 2019 的 Backstage 视图

　　下面以制作"毕业感谢卡"为例，简要介绍 Publisher 2019 的基本应用。

　　这里推荐使用 Publisher 2019 提供的模板，选择"毕业感谢卡"模板，联机下载完成后，单击"创建"按钮，如图 1-23 所示。

图 1-23　使用 Publisher 2019 提供的模板

　　设置此模板的具体选项，其中页面方案是指出版物的折叠痕迹，完成设置后，进入 Publisher 2019 窗口，制作"毕业感谢卡"，如图 1-24 所示。

图 1-24　制作"毕业感谢卡"

　　窗口的左侧是页面导航列表窗口的右侧是编辑区，我们可以看到"毕业感谢卡"由两个页面构成。用户可以在此模板的基础上对页面进行编辑，完成一张专属的"毕业感谢卡"。

　　Publisher 的编辑功能和 Word 非常相似，具体操作请参阅后面的章节。

　　4. InfoPath 2019

　　InfoPath 是一款比较专业的表单设计软件。InfoPath 2019 的 Backstage 视图如图 1-25 所示。在 Microsoft Office 2019 中，InfoPath 2019 有两个子程序：Microsoft InfoPath Designer 2019（简称"Designer 2019"）和 Microsoft InfoPath Filler 2019（简称"Filler 2019"），Designer 2019 用于设计表单，Filler 2019 用于填写表单。

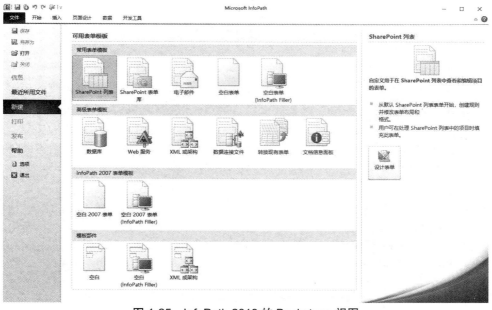

图 1-25　InfoPath 2019 的 Backstage 视图

InfoPath 2019 提供了多种模板，用户可以在 Backstage 视图中单击"空白表单"按钮，再单击右侧的"设计表单"按钮，打开 InfoPath 2019 窗口，如图 1-26 所示。

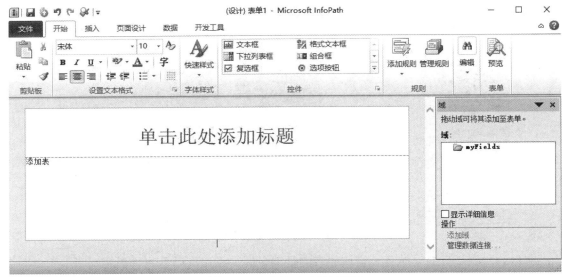

图 1-26　InfoPath 2019 窗口

在编辑区中插入表格；之后，可以根据需要合并或拆分单元格，设置边框、底纹，在表格中插入控件等。

完成设计后，Designer 2019 保存了文件名后缀为".xsn"的表单模板文件。再次打开该文件时，InfoPath 2019 会通过 Filler 2019 打开文件，填写完成后，Filler 2019 将文件保存为 xml格式。

1.4　使用帮助

Office 2019 提供了丰富而强大的帮助功能，其帮助内容除随安装程序附带的资源外，还包括 Office.com 网站提供的各种资源，甚至包含来自互联网的内容。本机自带的帮助文件主要是一些说明文档，用于介绍各种术语和解释相关名词，以及介绍各种操作的步骤、方法和注意事项。Office.com 网站提供的帮助，除介绍 Office 相关组件的操作和使用方法外，还提供了许多可下载的模板、各种组件的培训教程及演示视频。

在 Office 2019 中，使用帮助功能有两种方法：一种方法是在快速访问工具栏中单击"帮助"按钮；另一种方法是直接按 F1 键。使用两种方法均会打开"帮助"对话框，如图 1-27 所示为 Word 2019 的"帮助"对话框，用户可根据"帮助"对话框上列出的目录查找相应的主题，也可在搜索栏中输入相关的关键词进行搜索，"帮助"对话框会显示相关的帮助信息。

图 1-27　Word 2019 的"帮助"对话框

第 2 章　Word 2019

本章主要介绍 Word 2019 的典型应用案例，涉及样式、分页和分节、主控文档与子文档、文档注释、页面设置、域、文档审阅，以及 Word 2019 内置的模板。

2.1　知识点概述

1. 样式

样式是一组预置的排版格式命令，运用样式能够直接将文字或段落设置成事先定义好的排版格式。根据应用对象的不同，样式可分为字符样式、段落样式、链接样式、表格样式和列表样式。

从软件的配置来看，样式可分为内置样式和自定义样式。Word 2019 自带的样式被称为"内置样式"，分布在"快速样式"列表中，如图 2-1 所示；更多内置样式可在"样式"任务窗格中呈现；如果现有样式与用户所需的样式相差很大，可以创建一个新样式，即"自定义样式"。

图 2-1　"快速样式"列表

涉及样式的操作包括应用样式、修改样式、创建新样式和删除样式等。

处理长文档时，章节自动编号要用到多级列表，多级列表也是以样式为基础的，即将不同级别的标题链接到相应的样式上。

2. 分页和分节

在"页面布局"选项卡的"页面设置"功能组中，如图 2-2 所示，单击"分隔符"按钮右侧的下拉按钮，在弹出的菜单中选择"分页符"或"分节符"选项。

图 2-2　"页面设置"功能组

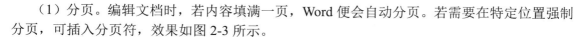

（1）分页。编辑文档时，若内容填满一页，Word 便会自动分页。若需要在特定位置强制分页，可插入分页符，效果如图 2-3 所示。

浙江省因钱塘江（又名浙江）而得名。它位于我国长江三角洲的南翼，北接江苏省、上海市，
西连安徽省、江西省，南邻福建省，东濒东海。————————分页符——————

图 2-3　插入分页符后的效果

（2）分节。节是文档的一部分，是页面设置的最小有效单位。默认情况下，Word 将整篇文档设为一节。在文档的排版过程中，可运用分节实现版面设计的多样化，比如为不同的部分设置不同的页边距、纸张大小和方向、页眉和页脚、分栏等。分节是通过插入分节符实现的，Word 的分节符有以下四种：

- 下一页。强制分页，新的节从下一页开始。
- 连续。新的节从下一行开始。
- 偶数页。强制分页，新的节从下一个偶数页开始。
- 奇数页。强制分页，新的节从下一个奇数页开始。

以上四种分节符的应用效果如图 2-4～图 2-7 所示。

浙江省因钱塘江（又名浙江）而得名。它位于我国长江三角洲的南翼，北接江苏省、上海市，
西连安徽省、江西省，南邻福建省，东濒东海。————分节符(下一页)————

图 2-4　插入分节符（下一页）后的效果

浙江省因钱塘江（又名浙江）而得名。它位于我国长江三角洲的南翼，北接江苏省、上海市，
西连安徽省、江西省，南邻福建省，东濒东海。————分节符(连续)————
地理坐标南起北纬 27°02′，北到北纬 31°31′，西起东经 118°01′，东至东经 123°10′。
陆域面积 10.55 万平方公里，海域面积 26 万平方公里，海岸线长 6486.24 公里，其中大陆海
岸线长 2200 公里。浙江省素有"鱼米之乡，文物之邦，丝茶之府，旅游之地"的美誉。

图 2-5　插入分节符（连续）后的效果

浙江省因钱塘江（又名浙江）而得名。它位于我国长江三角洲的南翼，北接江苏省、上海市，
西连安徽省、江西省，南邻福建省，东濒东海。————分节符(偶数页)————

图 2-6　插入分节符（偶数页）后的效果

浙江省因钱塘江（又名浙江）而得名。它位于我国长江三角洲的南翼，北接江苏省、上海市，
西连安徽省、江西省，南邻福建省，东濒东海。————分节符(奇数页)————

图 2-7　插入分节符（奇数页）后的效果

说明：如果插入分页符或分节符后在页面上没有显示相应的标记，请单击"开始"选项卡"段落"功能组右上角的"显示/隐藏编辑标记"按钮，如图 2-8 所示，以便显示段落标记和其他隐藏的格式符号。

图 2-8　"显示/隐藏编辑标记"按钮

3. 主控文档与子文档

视图是指文档在计算机屏幕上的显示方式。Word 2019 提供了页面视图、阅读版式视图、

Web 版式视图、大纲视图、草稿视图等多种视图形式。

在大纲视图中，用户可以方便地查看文档的结构，折叠或展开标题，以及处理主控文档和子文档，如图 2-9 所示为"大纲视图"选项卡。

图 2-9 "大纲视图"选项卡

主控文档是一种长文档管理模式，是一组单独文档（子文档）的容器，用于创建并管理多个子文档。

4. 文档注释

文档注释是 Word 中常见的应用，包括脚注和尾注、图或表的题注、交叉引用、索引等。在"引用"选项卡中，有目录、脚注、题注、索引等功能组，如图 2-10 所示。

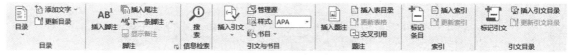

图 2-10 "引用"选项卡功能组

（1）脚注和尾注。脚注通常用来对文档内容进行注释说明，一般位于文字下方或页的下方；尾注通常用来说明引用的文献，一般位于整篇文档的末尾。

（2）题注。在 Word 文档中为插入的对象（如图片、表格、图表、公式等）进行说明。Word 将题注标签作为文本插入，将连续的题注编号作为域插入。在文档中可以为插入的项目手动添加题注，也可以在插入对象时自动添加题注。

（3）交叉引用。引用文档中其他位置的内容，交叉引用的内容是一个域。在 Word 中，可以为标题、脚注、书签、题注、编号等创建交叉引用。

（4）索引。索引用于列出文档中重要的关键词或主题，Word 可以自动提取文档中被特殊标记的内容。在生成索引之前，必须先将索引的词条标记为索引项，然后利用标记创建索引，Word 2019 提供了手动标记索引项与自动标记索引项两种方式。

5. 页面设置

（1）页面设置。"页面设置"对话框如图 2-11 所示，该对话框包括页边距、纸张、布局、文档网格选项卡。

● 页边距。设置页面四周的空白区域，在页边距区域内可以放置页眉、页脚和页码等项目。还可以设置纸张方向、多页功能（如书籍折页等）。

● 纸张。选择纸张大小或设置纸张的宽度和高度。

● 布局。设置页眉页脚是否奇偶页不同、是否首页不同，设置页面垂直对齐方式，添加行号等。

● 文档网格。设置文字方向、每行字符数、每页行数等。

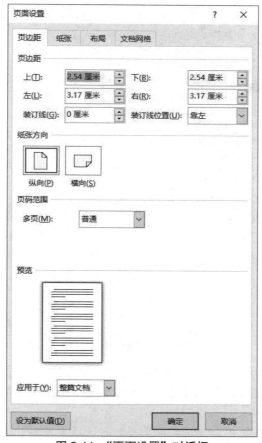

图 2-11　"页面设置"对话框

（2）页眉和页脚。页眉和页脚用于显示文档的附加信息，如作者名称、章节名称、页码、日期等。页眉位于页面顶部，页脚位于页面底部。

（3）页码。页码一般加在页眉或页脚中，当然也可以加到页面的其他位置。在"页码格式"选项中可对页码的格式进行设置，如设置页码的数字格式、是否包含章节号、起始页码等。

"插入"选项卡包含了页眉页脚功能组，可实现对页眉页脚及页码的设置，如图 2-12 所示。

图 2-12　页眉页脚功能组

6．域

（1）域。域相当于文档中可能发生变化的数据。有些域是在操作文档时用 Word 的相关命令自动插入的，如目录、索引、题注等；有些域则需要通过手动的方式插入，如显示文档信息的作者姓名、文件大小或页数等。

执行"插入"→"文档部件"→"域"菜单命令，打开"域"对话框，如图 2-13 所示，Word 提供了丰富的域类别，用户可根据需要插入域或更新域。

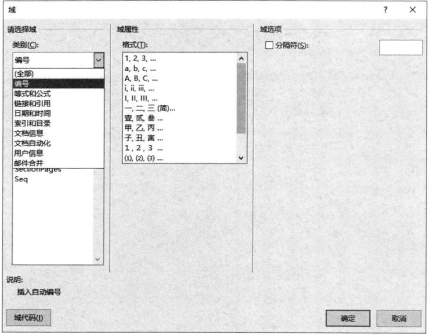

图 2-13 "域"对话框

（2）目录。目录的作用是列出文档中各级标题及其所在的页码，按住 Ctrl 键不放并单击目录中的文本，就可以快速定位到该文本所对应的位置。一般使用 Word 中的内置标题样式和大纲级别自动创建目录。

（3）邮件合并。邮件合并是 Word 中"域"的一项重要应用，邮件合并所使用的域为 MergeField 域。MergeField 域的作用是在主文档中将数据域的名称显示在"《》"形的合并字符中，当主文档与所选数据源合并时，指定数据域的信息会被插入合并域中。使用邮件合并功能可以快速批量地生成信函、工资单、通知、成绩单等文档。

7. 文档审阅

（1）批注。批注是审阅者在阅读 Word 文档时所记录的注释、提出的问题、建议或其他想法。批注不显示在正文中，它不是文档的一部分。

（2）修订。使用修订功能可以让审阅者直接在文档中进行修改，启用修订功能后，审阅者在文档中的插入、删除或格式更改都会被标记出来。当原作者查看修订时，可以选择接受或拒绝各修订项。

8. 模板

模板是由多个特定样式和设置组合而成的预先设计好的特殊文档。在 Word 2019 中，模板文件的文件名后缀为".dotx"。模板决定了文档的基本结构和格式设置。任何文档都是基于模板的，比如默认空白文档是基于 Normal 模板的。当需要重复编辑格式相同的文档时，就可以使用模板提高工作效率。

Word 2019 自带了丰富的模板库，在实际应用中，用户也可以自行创建模板，再根据模板创建文档。

2.2　Word 综合操作

【案例】打开"浙江旅游概述.docx"，根据原文提供的素材，按以下要求完成对正文的排版。

1. 对正文进行排版

（1）使用多级列表对章名、小节名进行自动编号，要求：章名使用样式"标题1"，并居中显示，编号格式为"第 X 章"（如第 1 章），其中 X 为自动排序，对应"级别 1"；小节名使用样式"标题2"，左对齐，编号格式为"X.Y"（如 1.1），其中 X 为章的数字序号，Y 为节的数字序号，对应"级别 2"。

【操作提示】

将光标定位在正文的"第一章　浙江旅游概述"标题处，或选中"第一章　浙江旅游概述"，执行"开始"→"多级列表"→"定义新的多级列表"菜单命令，打开"定义新多级列表"对话框，如图 2-14 所示。

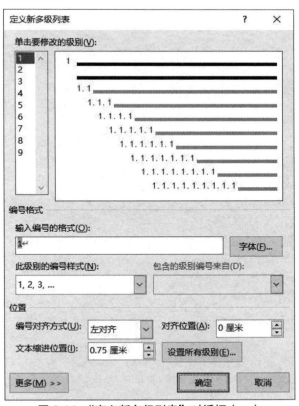

图 2-14　"定义新多级列表"对话框（一）

在左上角的"单击要修改的级别"区域中选择级别 "1"；在"输入编号的格式"文本框中进行设置，即在"1"的前后分别输入"第"和"章"两个字，在"此级别的编号样式"下拉列表中选择"1，2，3，…"选项；单击左下角的"更多"按钮展开对话框，在"将级别链接到样式"下拉列表中选择"标题1"选项，如图2-15所示，完成第1级别的设置。

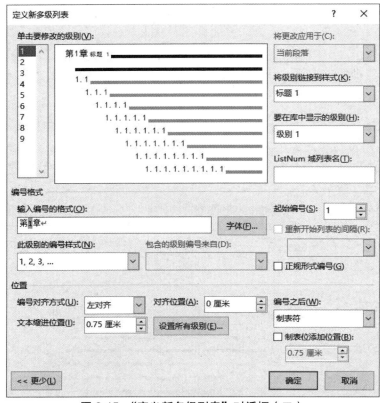

图2-15 "定义新多级列表"对话框（二）

在"单击要修改的级别"区域中选择级别"2"，设置编号的格式为"1.1"，设置"将级别链接到样式"为"标题2"，完成第2级别的设置。

最后单击"确定"按钮，退出"定义新多级列表"对话框。此时在"样式"功能组中自动出现了"第1章 标题1"样式按钮。

右击"第1章 标题1"样式，在弹出的快捷菜单中选择"修改"选项，打开"修改样式"对话框，将"对齐方式"设置为"居中"，勾选"自动更新"复选框，单击"确定"按钮，完成对"第1章 标题1"样式的修改。

单击"样式"功能组右下角的扩展按钮，打开"样式"窗格，单击"选项"按钮，打开"样式窗格选项"对话框，设置"选择要显示的样式"为"所有样式"，如图2-16所示；然后在"样式"窗格中找到"标题2"，设置"标题2"样式的对齐方式为"左对齐"，并勾选"自动更新"复选框，单击"确定"按钮，完成对"标题2"样式的修改。

将"标题1"和"标题2"样式应用到所有的章节标题中，删除章节标题中原有的编号，效果如图2-17所示。

样式窗格选项
?
×
选择要显示的样式(S):
所有样式
选择列表的排序方式(E):
按推荐
选择显示为样式的格式:
段落级别格式(P)
字体格式(O)
项目符号和编号格式(B)
选择内置样式名的显示方式
在使用了上一级别时显示下一标题(W)
存在替换名称时隐藏内置名称(H)
仅限此文档
基于该模板的新文档
确定
取消

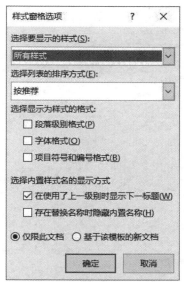

图 2-16　“样式窗格选项”对话框

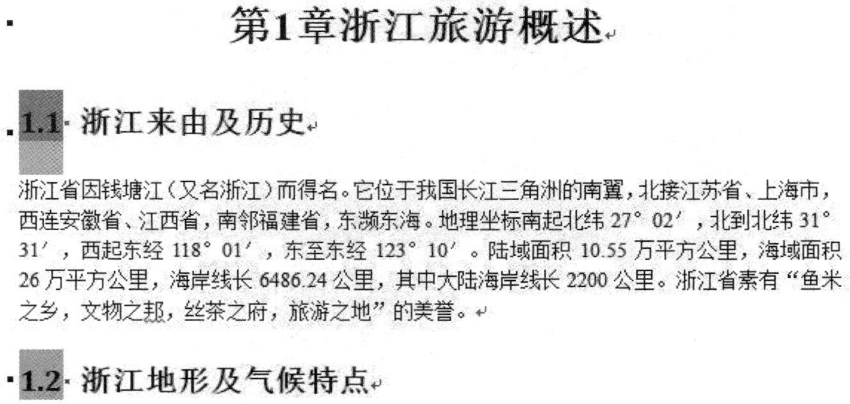

第1章浙江旅游概述
1.1 浙江来由及历史
浙江省因钱塘江（又名浙江）而得名。它位于我国长江三角洲的南翼，北接江苏省、上海市，西连安徽省、江西省，南邻福建省，东濒东海。地理坐标南起北纬 27° 02′，北到北纬 31° 31′，西起东经 118° 01′，东至东经 123° 10′。陆域面积 10.55 万平方公里，海域面积 26 万平方公里，海岸线长 6486.24 公里，其中大陆海岸线长 2200 公里。浙江省素有“鱼米之乡，文物之邦，丝茶之府，旅游之地”的美誉。
1.2 浙江地形及气候特点

图 2-17　应用“标题 1”和“标题 2”样式

（2）新建样式，样式名为“样式+准考证号后 5 位”，如“样式 12345”。其中，设置中文字体为“楷体”，西文字体为“Times New Roman”，字号为“小四”；设置段落的首行缩进为“2 字符”，段前为“0.5 行”，段后为“0.5 行”，行距为“1.5 倍”；其余格式采用默认设置。

【操作提示】

先单击未应用标题样式的正文文本，使光标保持在正文文本中（如第一自然段），再新建样式。单击“样式”窗格中的“新建样式”按钮，打开“根据格式化创建新样式”对话框，如图 2-18 所示。

修改样式名称为“样式 12345”；在中间的“格式”区域中设置字体格式；单击左下角的“格式”下拉按钮，在弹出的下拉列表中选择“段落”选项，打开“段落”对话框，按要求设置段落格式。

最后在“根据格式化创建新样式”对话框中勾选“自动更新”复选框，单击“确定”按钮，关闭对话框。

设置样式后的文本（第一自然段）如图2-19所示。

图 2-18 "根据格式化创建新样式"对话框

第1章浙江旅游概述

1.1 浙江来由及历史

浙江省因钱塘江（又名浙江）而得名。它位于我国长江三角洲的南翼，北接江苏省、上海市，西连安徽省、江西省，南邻福建省，东濒东海。地理坐标南起北纬27°02′，北到北纬31°31′，西起东经118°01′，东至东经123°10′。陆域面积10.55万平方公里，海域面积26万平方公里，海岸线长6486.24公里，其中大陆海岸线长2200公里。浙江省素有"鱼米之乡，文物之邦，丝茶之府，旅游之地"的美誉。

1.2 浙江地形及气候特点

图 2-19 设置样式后的文本（第一自然段）

（3）为正文中的图添加题注"图"，将题注置于图的下方，居中对齐。要求：编号为"章序号-图在章中的序号"。例如，第1章的第2幅图，题注编号为1-2；图的说明文字使用图的下一行文字，说明文字的字体格式同编号的字体格式，图居中对齐。

【操作提示】

在文中找到第一幅图，将光标定位到图的下一行文字的前面。

执行"引用"→"插入题注"菜单命令，打开"题注"对话框，如图 2-20 所示；单击"新建标签"按钮，在弹出的对话框的文本框中输入"图"，单击"确定"按钮；单击"编号"按钮，打开"题注编号"对话框，勾选"包含章节号"复选框，设置"章节起始样式"为"标题 1"，设置"使用分隔符"为"连字符"，单击"确定"按钮；单击"题注"对话框的"确定"按钮，完成题注的插入。

设置图和题注居中对齐，插入的题注如图 2-21 所示。

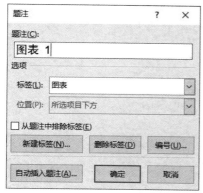

图 2-20　"题注"对话框

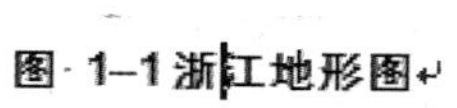

图 1–1 浙江地形图

图 2-21　插入的题注

依次为所有图添加题注。

（4）对正文中出现的"如下图所示"中的"下图"两个字使用交叉引用，改为"图 *X-Y*"，其中"*X-Y*"为图题注的编号。

【操作提示】

按顺序选中文中的"下图"两个字，执行"引用"→"交叉引用"菜单命令，打开"交叉引用"对话框，设置"引用类型"为"图"，设置"引用内容"为"仅标签和编号"，选择要引用的题注，如图 2-22 所示，单击"插入"按钮。

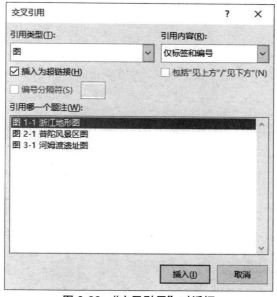

图 2-22　"交叉引用"对话框

（5）为正文中的表添加题注"表"，将题注置于表的上方，居中对齐。要求：编号为"章序号-表在章中的序号"。例如，第1章的第1张表，题注编号为1-1；表的说明文字使用表的上面一行文字，说明文字的字体格式同编号的字体格式；表居中对齐，表内文字不要求居中对齐。

【操作提示】

在"题注"对话框中新建标签"表"，并设置编号格式，为表格添加题注，详细过程请参阅"图"题注的设置方法。

（6）对正文中出现的"如下表所示"中的"下表"两个字使用交叉引用，改为"表*X-Y*"，其中"*X-Y*"为表题注的编号。

【操作提示】

请参阅"图"的交叉引用的设置方法，注意此时的引用类型为"表"。

（7）在正文中首次出现"西湖龙井"的位置插入脚注（或尾注），添加文字"西湖龙井茶加工方法独特，有十大手法"。

【操作提示】

单击"视图"选项卡，在"显示"功能组中勾选"导航窗格"复选框，启用"导航"窗格，查找文中首次出现"西湖龙井"的位置，选中文字，执行"引用"→"插入脚注"菜单命令，输入脚注文字，如图2-23所示。

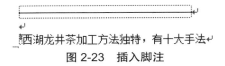

图 2-23 插入脚注

（8）为正文中无编号的文字应用步骤（2）中的样式。注意，应用样式的范围不包括章名、小节名、表的文字、表和图的题注、脚注（或尾注）。

【操作提示】

将光标定位在需要应用样式的段落中，或依次选中需要设置样式的文字，选择"样式12345"，重复上述操作步骤完成所有内容的设置。

2．目录

在正文之前按顺序插入3节，使用Word提供的功能，自动生成如下内容。

（1）第1节：目录。其中，"目录"两个字使用样式"标题1"，并居中对齐；"目录"下方为目录项。

（2）第2节：图索引。其中，"图索引"三个字使用样式"标题1"，并居中对齐；"图索引"下方为图索引项。

（3）第3节：表索引。其中，"表索引"三个字使用样式"标题1"，并居中对齐；"表索引"下方为表索引项。

【操作提示】

按Ctrl+Home组合键将光标定位在文档开始处，依次执行"页面布局"→"分隔符"→分节符（下一页）/"分节符（下一页）"/"分节符（奇数页）"菜单命令，插入3节。注意，考虑到后续正文的每章从奇数页开始显示，因此在第1章前插入的是奇数页分页符。

在第1节中输入文字"目录"（自动应用"标题1"样式，删除前面出现的自动编号"第

1 章"三个字），执行"引用"→"目录"→"自定义目录"菜单命令，打开"目录"对话框，如图 2-24 所示。

图 2-24 "目录"对话框

在"目录"对话框中可根据实际需要调整目录的显示级别、设置是否显示页码以及页码是否右对齐等，最后单击"确定"按钮，插入的目录如图 2-25 所示。

图 2-25 插入的目录

需要指出的是，有时在插入的目录中会存在一些并没有设置成标题样式的内容，如果不希望这些内容在目录中出现，可单击"目录"对话框中的"选项"按钮，打开"目录选项"对话框，对"目录建自"的有关设置进行必要的调整，如取消"目录建自"中的"大纲级别"

复选框的勾选状态；反之，有些内容并不适合设置成标题样式，但又希望能出现在目录中，此时可对这些内容设置一定的大纲级别（在"段落"对话框中可设置文本的大纲级别），并勾选"目录建自"中的"大纲级别"复选框。

在第 2 节中输入文字"图索引"（自动应用"标题 1"样式，删除前面的"第 1 章"三个字），执行"引用"→"题注"→"插入表目录"菜单命令，打开"图表目录"对话框，如图 2-26 所示。

图 2-26　"图表目录"对话框

在"图表目录"对话框的"常规"区域中，设置"题注标签"为"图"，单击"确定"按钮，插入的图索引如图 2-27 所示。

图索引

图 2-27　插入的图索引

在第 3 节中输入文字"表索引"（自动应用"标题 1"样式，删除前面的"第 1 章"三个字），执行"引用"→"题注"→"插入表目录"菜单命令，在"图标目录"对话框的"常规"区域中，设置"题注标签"为"表"，单击"确定"按钮。插入的表索引如图 2-28 所示。

表索引

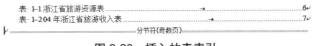

图 2-28　插入的表索引

3．正文分节

使用合适的分节符对正文进行分节，设置正文中的每章为单独一节，页码从奇数页开始。

【操作提示】

将光标定位在第 1 章的末尾，执行"页面布局"→"分隔符"→"分节符（奇数页）"菜单命令，插入分节符；以同样的方式在第 2 章、第 3 章的末尾插入奇数页分节符。

4．设置页码

添加页脚，使用"域"插入页码，并将页码居中对齐，要求如下。

（1）正文前的节，页码采用"i，ii，iii，…"格式，页码连续。

（2）正文中的节，页码采用"1，2，3，…"格式，页码连续。

（3）更新目录、图索引和表索引。

【操作提示】

执行"插入"→"页眉和页脚"→"页脚"→"编辑页脚"菜单命令，将光标定位在正文第 1 页的页脚处，如图 2-29 所示。

图 2-29　插入页脚

在"页眉和页脚工具-设计"选项卡的"导航"组中，单击"链接到前一节"按钮，如图 2-30 所示，使正文与前面的目录断开链接。

执行"插入"→"文档部件"→"域"菜单命令，打开"域"对话框，如图 2-31 所示。在"域"对话框中设置"类别"为"编号"，设置"域名"为"Page"，设置"格式"为"1，2，3，…"，单击"确定"按钮。

图 2-30　"导航"组　　　　　　　图 2-31　"域"对话框（一）

执行"插入"→"页眉和页脚"→"页码"→"设置页码格式"菜单命令，打开"页码格式"对话框，设置"起始页码"为"1"，如图 2-32 所示。

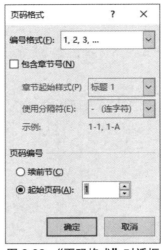

图 2-32 "页码格式"对话框

最后设置页码居中对齐。

将光标定位在第 1 节目录的页脚处，插入"i，ii，iii，…"格式的页码域，再在"页码格式"对话框中设置"编号格式"为"i，ii，iii，…"（第 2 节和第 3 节的页码格式也需要分别设置），设置页码居中对齐。

右击目录区，在弹出的快捷菜单中选择"更新域"选项，弹出"更新目录"对话框，选中"更新整个目录"单选钮，单击"确定"按钮，如图 2-33 所示。

更新后的目录如图 2-34 所示，注意观察目录与正文的页码格式的差异，观察正文的每章内容是否都从奇数页开始。使用同样的方法更新图索引和表索引。

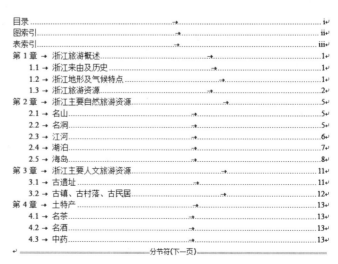

目录

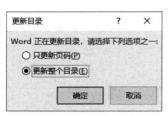

图 2-33 "更新目录"对话框

图 2-34 更新后的目录

5. 添加正文的页眉

给正文添加页眉，奇偶页的页眉不同。使用合适的"域"，按照要求添加页眉内容，并将其居中对齐，要求如下。

（1）对于奇数页，页眉中的文字为"章序号+章名"。

（2）对于偶数页，页眉中的文字为"节序号+节名"。

【操作提示】

执行"插入"→"页眉和页脚"→"页眉"→"编辑页眉"菜单命令，在"页眉和页脚工具-设计"选项卡的"选项"组中勾选"奇偶页不同"复选框。

将光标定位在正文第 1 页的页眉（奇数页页眉）处，单击"链接到前一节"按钮，与前面的目录断开链接。

由于"章"标题是自动编号的，所以奇数页页眉在添加时需要操作两次，具体过程如下。

执行"插入"→"文档部件"→"域"菜单命令，打开"域"对话框，设置"类别"为"链接和引用"，设置"域名"为"StyleRef"，设置"样式名"为"标题 1"，勾选"插入段落编号"复选框，如图 2-35 所示。单击"确定"按钮，插入章编号。

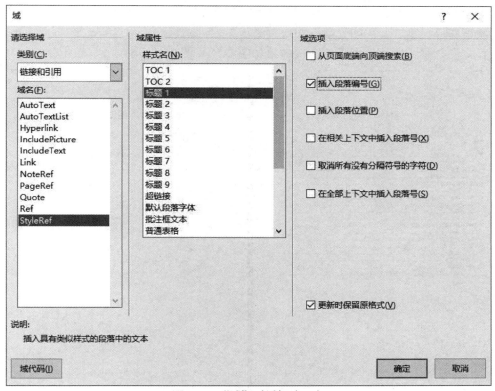

图 2-35　"域"对话框（二）

再次插入域，设置"链接和引用"为"StyleRef"，设置"样式名"为"标题 1"，不要勾选"插入段落编号"复选框，单击"确定"按钮，插入章名。

将光标定位在正文第 2 页的页眉（偶数页页眉）处，单击"链接到前一节"按钮，与前面的目录断开链接，由于"节"标题也是自动编号的，所以偶数页页眉在添加时同样需要操作两次。

第一次：插入域，设置"链接和引用"为"StyleRef"，设置"样式名"为"标题 2"，勾选"插入段落编号"复选框，插入节编号。

第二次：插入域，设置"链接和引用"为"StyleRef"，设置"样式名"为"标题 2"，不要勾选"插入段落编号"复选框，插入节名。

插入的页眉如图 2-36 和图 2-37 所示。

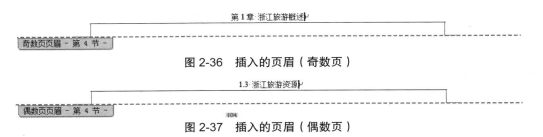

图 2-36　插入的页眉（奇数页）

图 2-37　插入的页眉（偶数页）

最后，由于在添加页眉时设置了"奇偶页不同"，所以还需要设置偶数页页脚的页码和格式。

再次更新"目录"、"图索引"和"表索引"。

保存文件，完成所有设置后的文档效果如图 2-38～图 2-45 所示。

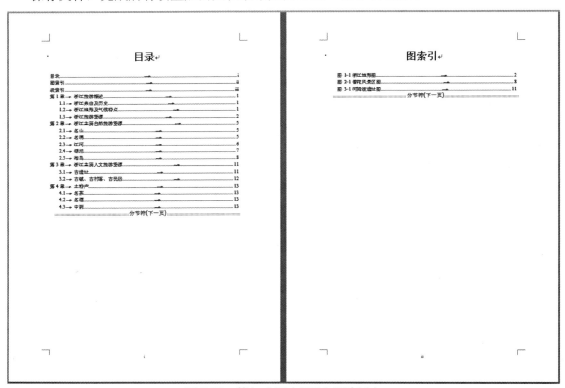

图 2-38　第 i、ii 页（目录和图索引）

图 2-39　第 iii 页（表索引）和正文第 1 页

图 2-40　正文第 2、3 页

图 2-41　正文第 5、6 页（正文第 4 页为空白页）

图 2-42　正文第 7、8 页

第2章·浙江主要自然旅游资源

桃花岛古称白云山，位于舟山本岛东南面，西取 41.8 平方公里，主峰安期峰海拔 539.7 米。山顶的圣姑专相传是秦朝安期生炼丹和渡羹桃花的地方，岛名因此而来。桃花岛相说是金镇所著《射雕英雄传》中岛的原型。山羊、林客、石弄、桃羹是诸岛的特色。岛屿拣敢磊多和石种群落之多为全省诸岛之冠。桃花岛还是我国三大水仙之———普陀水仙的产地，诶称"海岛植物园"。

第3章·浙江主要人文旅游资源

第3章·浙江主要人文旅游资源

3.1·古遗址

1. 河姆渡遗址

河姆渡遗址位于舟城市河姆渡镇浪墅村，呈掘于 1973 年，是距今 7000 年的新石器文化遗存，为全国重点文物保护单位。河姆渡遗址最有价值的是人工稻培水稻的显程。它证明了中国是世界上稻作文化的重要显源地之一。另外，还出土了大量带有榫印结构和九全口的木构建件、涤器及木井遗迹等文物 6700 多件。这些显程还证明了长江流域与黄河流域一样都是中华文明的显源地，是孕育中华民族文化的摇篮。1993 年，由江泽民题名的河姆渡遗址博物馆和复原的先民村落在遗址旁建成，如图 3-1 所示。

图 3-1 河姆渡遗址图

2. 马家浜遗址

马家浜遗址位于嘉兴市南湖乡天帝桥村的马家浜，是距今 6000 多年的新石器文化遗址，为全国重点文物保护单位。1959 年被呈掘，主要出土有陶器、晋青和碳化无周麦等。马家浜文化已载入《太不列颠百科全书》和 1990 年版的《中国大百科全书·考古卷》，确定了它在史新阶文化考古中的地位。

图 2-43　正文第 9、11 页（正文第 10 页为空白页）

3.2·古镇、古村落、古民居

3.2·古镇、古村落、古民居

1. 乌镇

乌镇位于桐乡市，水街相依，古迹众多，有清末明建筑风格的民居，其石、柱、门、窗上的木雕、石雕工艺巧夺天工。西栅的东家斤列具一格，建于 1912 年，有"厅上厅"之说。有南朝戚武帝手长平明太子读书处；建于清乾隆十四年（1749）的修真观戏台，它是浙北水乡集镇保存下来的仅有的古戏台。亚有"一代文学臣匠"茅盾的故事等。乌镇的招牌是蓝印花布。

2. 诸葛八卦村

诸葛八卦村位于兰溪市西北 18 公里处，是诸葛亮后布的居居处。它原名高隆村，自诸葛亮 28 世孙诸葛大师于南宋末年举家迁居于此后，遂渐称为"诸葛"之名所取代。诸葛村是按诸葛亮九官八卦图布置建造的，现居住有诸葛亮的嫡传子孙 3000 多人，为全国最大的诸葛亮后布聚居地，其以村中一口池塘"钟池"为核心，四周环绕着数十座明清吉建筑，以各小巷以特池为中心向外辐射，把高岛钟塔的明清吉建筑分为八部分，形成内八卦。村村的八卦小山相连起处以岛大门，踏合外大门。这种九官八卦形的村落布局，在中国建筑史、文化史上堪称奇迹，有很强的防卫功能和观赏价值。

3. 浦江郑宅

浦江郑宅位于浦江县郑宅镇，郑义门郑氏一家，为浦江一名门土族。郑氏以孝义治家，自南宋至明代中叶，十五世同居共食 360 余年，原名义门郑氏。晏受朝延旌表，明洪武十八年（1375）明太祖朱元璋题封"江南第一家"，元未明初文学家家涟，在此居住近 32 年，郑氏《家规》《家仪》即是晏他审定的，至今尚存，是中国古代家族文化、儒学治家的典范。郑义门郑氏一家为研究封建家族内部关系及伦理提供了宝贵资料。2001 年，郑宅古建筑群被列为全国重点文物保护单位。·······分节符(奇数页)

第4章·土特产

第4章·土特产

4.1·名茶

1. 西湖龙井茶

龙井产于杭州西湖西侧丝峰，是享誉世界的著名绿户，诶称"茶中绝品"。位居中国十大名茶之首，是历史上的贡品，现代国际交往中的国家馈礼品，有"绿色皇后"的美称。按产地分别、龙、云、虎、梅五个品种，其以乌千翘岩、色泽绿中透黄，以"色翠、香郁、味甘、形美"四绝闻名中外。

4.2·名酒

1. 绍兴黄酒

是我国最古老的酒之一，它以优质糯米、小麦和绍兴鉴湖水为原料，经独特工艺且精酿造而成。酒波黄色光亮，气香浓郁芬苦，口味鲜美醇厚，是黄酒中有加饭酒、无扎别、晋酿酒、花雕酒等。在第一至第五届全国评酒含上，加饭酒被评为"国家名酒"并被授予金质奖章等。此外，浙江绍兴酒也屡享荣誉；1915 年在巴拿马博览会上 1929 年西湖博览会上都获得过优质奖的迭烯诚获，在两届全国评酒含上被评为"国家优质酒"并被授予破质奖的杭州西湖加饭酒等。

4.3·中药

1. 浙八味

杭菊、浙贝、白术、白芍、无胡、吉寒、麦冬、都金合称"浙八味"，驰名中外。

东阳和磐安是我国南方最大的药材基地，是"浙八味"中浙贝、白术、白芍……

白菊龙井茶加工方法婚析，若干大学池

图 2-44　正文第 12、13 页

图 2-45　正文第 14 页

2.3　Word 单项操作

1. 分节、页面设置、页眉和页脚

【案例】创建文档"考试信息"，该文档由 3 页组成。

第一页第一行的内容为"语文"，设置"样式"为"标题 1"，设置页面"垂直对齐方式"为"居中"，设置"纸张方向"为"纵向"，设置"纸张大小"为"16 开"，设置页眉内容为"90"且居中对齐，设置页脚内容为"优秀"且居中对齐。

第二页第一行的内容为"数学"，设置"样式"为"标题 2"，设置页面"垂直对齐方式"为"顶端对齐"，设置"纸张方向"为"横向"，设置"纸张大小"为"A4"，设置页眉内容为"65"且居中对齐，设置页脚内容为"及格"且居中对齐，为该页面添加行号，起始编号为"1"。

第三页第一行的内容为"英语"，设置"样式"为"正文"，设置页面"垂直对齐方式"为"底端对齐"，设置"纸张方向"为"纵向"，设置"纸张大小"为"B4"，设置页眉内容为"58"且居中对齐，设置页脚内容为"不及格"且居中对齐。

【操作提示】

（1）输入第一页第一行的内容"语文"，设置样式为"标题 1"，插入分节符，如图 2-46

所示。

·语文 ⸻⸻分节符(下一页)⸻

图 2-46　第一页

打开"页面设置"对话框，设置页面垂直对齐方式为"居中"，设置"纸张方向"为"纵向"，设置"纸张大小"为"16 开"。

编辑页眉页脚，设置页眉内容为"90"且居中对齐；设置页脚内容为"优秀"且居中对齐。

（2）输入第二页第一行的内容，设置样式，插入分节符；完成页面设置（应用于本节）；编辑页眉页脚，注意先取消与前一条页眉（脚）的链接，完成页眉页脚内容的设置。

（3）输入第三页第一行的内容，设置样式；完成页面设置（应用于本节）；编辑页眉页脚，取消与前一条页眉（脚）的链接，完成页眉页脚内容的设置。

提示：双击页眉页脚区/页面区可以在两者之间快速切换，便于编辑页眉页脚或正文内容。

2. 多级自动编号、样式、目录、审阅（批注、修订）

【案例】创建文档"city"，该文档由两页组成，要求如下。
第一页的内容如下：

浙江
第一节　杭州和宁波
福建
第一节　福州和厦门
广东
第一节　广州和深圳

要求：章和节的序号采用自动编号（多级列表），分别使用样式"标题 1"和"标题 2"。

新建样式"福建"，使其与样式"标题 1"在文字格式上完全一致，但不会自动添加到目录中，并应用于"第二章　福建"，在文档的第二页中自动生成目录。

注意：不修改"目录"对话框的缺省设置。

为"宁波"添加一条批注，内容为"海港城市"；对"广州和深圳"添加一条修订，删除"和深圳"。

【操作提示】

（1）按要求录入第一页内容，编号可以不用录入。

（2）设置章节自动编号（多级列表），在设置第 2 级编号时勾选"重新开始列表的间隔"复选框并选择"级别 1"选项，如图 2-47 所示。

（3）为所有的章节应用样式"标题 1"和"标题 2"。

（4）先将光标定位在"第二章　福建"处，新建"福建"样式，在"段落"对话框中设置大纲级别为"正文文本"，如图 2-48 所示。

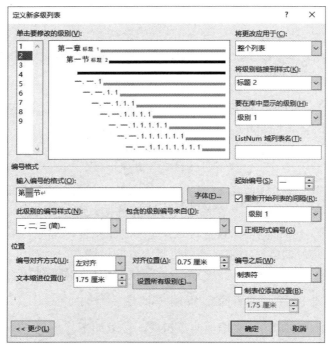

图 2-47　设置第 2 级编号

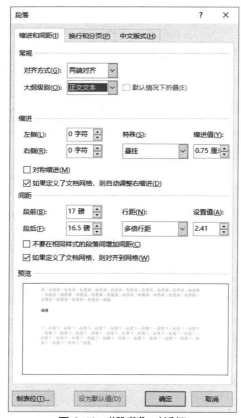

图 2-48　"段落"对话框

（5）在第一页的末尾插入分页符，在第二页中插入目录，如图 2-49 所示。

第一章·浙江..1
　　第一节·杭州和宁波..1
　　第一节·福州和厦门..1
第三章·广东..1
　　第一节·广州和深圳..1

图 2-49　插入的目录

（6）单击“审阅”选项卡，显示“批注”、“修订”和“更改”功能组，如图 2-50 所示。

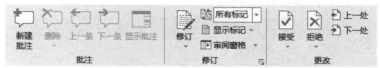

图 2-50　“批注”、“修订”和“更改”功能组

选择“宁波”两个字，单击“新建批注”按钮，在出现的批注框内输入批注文字，如图 2-51 所示。

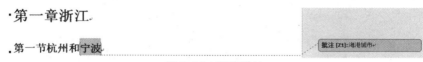

图 2-51　新建批注

单击“修订”按钮，启动修订功能，删除“和深圳”三个字，如图 2-52 所示。

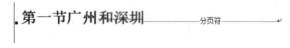

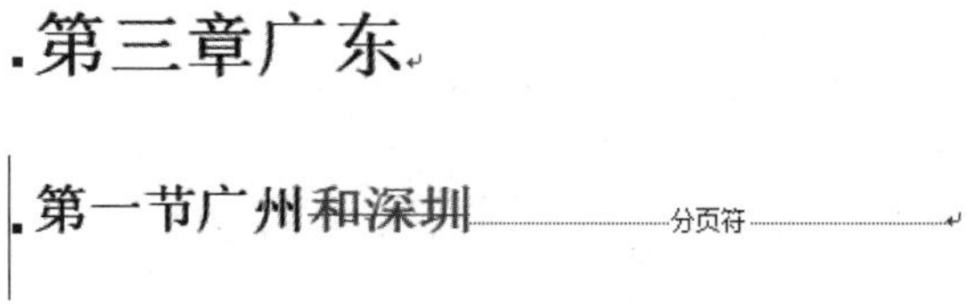

图 2-52　修订

3. 邮件合并

【案例】创建考生信息表“Ks.xlsx”，如表 2-1 所示。使用邮件合并功能，创建成绩单范本文件“Ks_T.docx”，如图 2-53 所示。最后生成含所有考生信息的文档“Ks.docx”。

表 2-1　Ks.xlsx

准考证号	姓名	性别	年龄
8011400001	张三	男	22
8011400002	李四	女	18
8011400003	王五	男	21
8011400004	赵六	女	20
8011400005	刘七	女	21
8011400006	陈一	男	19

准考证号：	《准考证号》↵
姓名	《姓名》↵
性别	《性别》↵
年龄	《年龄》↵

图 2-53　Ks_T.docx

【操作提示】

（1）启动 Excel 2019，录入考生信息，如表 2-1 所示，将文件保存为"Ks.xlsx"，关闭 Excel 2019。

（2）启动 Word 2019，输入以下内容。

准考证号：	
姓名↵	↵
性别↵	↵
年龄↵	↵

（3）单击"邮件"选项卡，显示"邮件"功能组，如图 2-54 所示。

图 2-54　"邮件"功能组

（4）执行"选择收件人"→"使用现有列表"菜单命令，打开"选择数据源"对话框，选择已保存的考生信息表"Ks.xlsx"。

（5）将光标分别定位在"准考证号："后面以及姓名、性别、年龄的右侧单元格中，分别单击"插入合并域"按钮，得到范本文件，将文件保存为"Ks_T.docx"。

（6）单击"完成并合并"按钮，在弹出的下拉列表中选择"编辑单个文档"选项，在弹出的"合并到新文档"对话框中选中"全部"单选钮，合并后的文档共有 6 页（本例共有 6 位考生），如图 2-55 所示为其中一页。将该文档保存为"Ks.docx"，关闭 Word 2019。

准考证号：8011400001	
姓名↵	张三↵
性别↵	男↵
年龄↵	22↵

·······分节符(下一页)·······

图 2-55　合并生成的新文档（其中一页）

4. 分页、自动索引

【案例】创建文档"Example"，该文档由 6 页组成，要求如下。

第一页第一行的内容为"浙江"，样式为"正文"。

第二页第一行的内容为"江苏"，样式为"正文"。

第三页第一行的内容为"浙江"，样式为"正文"。

第四页第一行的内容为"江苏"，样式为"正文"。

第五页第一行的内容为"上海"，样式为"标题 1"。

第六页为空白。

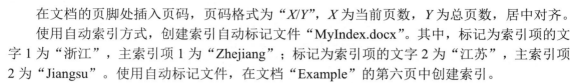

在文档的页脚处插入页码，页码格式为"*X/Y*"，*X* 为当前页数，*Y* 为总页数，居中对齐。

使用自动索引方式，创建索引自动标记文件"MyIndex.docx"。其中，标记为索引项的文字 1 为"浙江"，主索引项 1 为"Zhejiang"；标记为索引项的文字 2 为"江苏"，主索引项 2 为"Jiangsu"。使用自动标记文件，在文档"Example"的第六页中创建索引。

【操作提示】

（1）在第一页第一行中输入"浙江"，设置"样式"为"正文"，执行"布局"→"页面设置"→"分隔符"→"分页符"菜单命令，或者按 Ctrl+Enter 组合键，插入分页符，如图 2-56 所示。

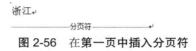

图 2-56　在第一页中插入分页符

使用同样的方法设置第二页～第五页的内容。

（2）设置页码。执行"插入"→"页眉和页脚"→"页码"→"页面底端"→"加粗显示的数字 2"菜单命令，自动在页脚位置插入"*X/Y*"格式的页码。

（3）新建空白 Word 文档，创建索引自动标记文件"MyIndex.docx"，索引自动标记文件是一个两列的表格，第一列是标记为索引项的文字，第二列为主索引项，如图 2-57 所示。

| 浙江 | Zhejiang |
| 江苏 | Jiangsu |

图 2-57　索引自动标记文件

（4）将光标定位于文档"Example"的第六页（空白页），执行"引用"→"插入索引"菜单命令，打开"索引"对话框，如图 2-58 所示。

图 2-58　"索引"对话框

在"索引"对话框中单击"自动标记"按钮，选择已创建的索引自动标记文件"MyIndex.docx"，再次执行"引用"→"插入索引"菜单命令，单击"确定"按钮（前一次已经标记了索引项），在文档"Example"的第六页中创建的索引如图 2-59 所示。

图 2-59　创建的索引

5. 模板

【案例】修改"黑领结简历"模板，将其中的"目标职位"修改为"求职意向"，将该模板保存为"求职简历"模板。

根据"求职简历"模板，在考生文件夹的"DWord"子文件夹下，创建文档"我的简历.docx"，在姓名信息中填写自己的姓名，其他信息不用填写。

【操作提示】

（1）执行"文件"→"新建"→"样本模板"菜单命令，在弹出的下拉列表中选择"黑领结简历"模板，单击"创建"按钮，"黑领结简历"模板如图 2-60 所示。

图 2-60　"黑领结简历"模板

（2）将"目标职位"修改为"求职意向"，执行"文件"→"另存为"菜单命令，将该模板保存到考生文件夹的"DWord"子文件夹下，设置文件名为"求职简历"，设置保存类型为"Word 模板"。

（3）打开保存的模板，在姓名信息中填写自己的姓名，执行"文件"→"另存为"菜单命令，将该文件保存到考生文件夹的"DWord"子文件夹下，设置文件名为"我的简历"，设置保存类型为"Word 文档"。

6. 主控文档与子文档

【案例】在考生文件夹的"DWord"子文件夹下，创建主控文档"Main.docx"，按顺序创建子文档"Sub1.docx"、"Sub2.docx"和"Sub3.docx"，要求如下。

（1）文档"Sub1.docx"的第一行内容为"Sub^1"，第二行内容为文档创建的日期（使用"域"，格式不限），样式均为"正文"。

（2）文档"Sub2.docx"的第一行内容为"Sub^2"，第二行内容为"→"，样式均为"正文"。

（3）文档"Sub3.docx"的第一行内容为"浙江省高校计算机等级考试"，样式为"正文"，将该文字设置为书签（书签名为"Mark"）；第二行为空白行；在第三行中插入书签"Mark"标记的文字。

【操作提示】

（1）创建子文档"Sub1.docx"，输入第一行内容，将"1"设置为上标；在第二行中使用"域"插入创建文档的日期，执行"插入"→"文档部件"→"域"菜单命令，在弹出的"域"对话框中设置"类别"为"日期和时间"，设置"域名"为"CreateDate"，设置样式为"正文"，最后保存文档。

（2）创建子文档"Sub2.docx"，输入第一行内容并设置样式，执行"插入"→"符号"→"其他符号"菜单命令，打开"符号"对话框，设置"字体"为"Wingdings 3"，如图2-61所示，在第二行中插入符号"→"。

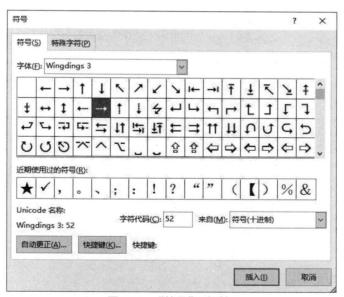

图2-61 "符号"对话框

（3）创建子文档"Sub3.docx"，输入第一行内容并设置样式；选中第一行文字，执行"插入"→"书签"菜单命令，打开"书签"对话框，如图2-62所示，输入书签名"Mark"，单击"添加"按钮。

引用书签标记的文字：将光标定位在第三行，执行"引用"→"交叉引用"菜单命令，在弹出的"交叉引用"对话框中设置"引用类型"为"书签"，并在下方的列表中选择书签"Mark"，如图2-63所示，单击"插入"按钮。

（4）创建主控文档"Main.docx"，选择大纲视图，单击"显示文档"按钮，再单击"插入"按钮，如图 2-64 所示，插入已创建的三个子文档，保存主控文档。

图 2-62　"书签"对话框

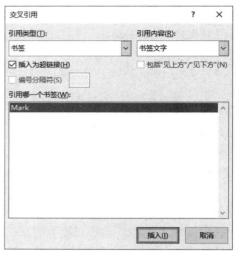

图 2-63　"交叉引用"对话框

图 2-64　在大纲视图下处理主控文档

（5）创建的主控文档如图 2-65 所示。

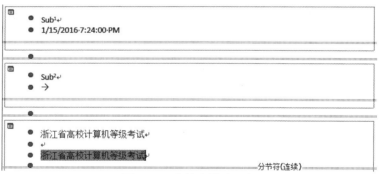

图 2-65　主控文档（一）

单击"折叠子文档"按钮后，主控文档如图 2-66 所示。

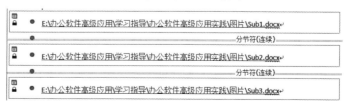

图 2-66　主控文档（二）

7.页面设置_邀请函

【案例】创建文档"邀请函",要求如下。

(1)在一张 A4 纸上,采用正反面"书籍折页"打印,横向对折后,从右侧打开。

(2)页面(一)和页面(四)打印在 A4 纸的同一面,页面(二)和页面(三)打印在 A4 纸的另一面。

(3)四个页面依次显示如下内容。

页面(一)显示"邀请函"三个字,上下、左右均居中对齐,竖排,字体为隶书,字号 72 磅。

页面(二)显示"汇报演出定于 2013 年 4 月 21 日,在学生活动中心举行。敬请光临。",文字横排。

页面(三)显示"演出安排",文字横排,居中对齐,应用样式"标题 1"。

页面(四)显示两行文字,行(一)为"2013 年 4 月 21 日",行(二)为"学生活动中心"。竖排,左右居中对齐。

【操作提示】

(1)以分节的方式生成 4 页(节),分别设置每页的内容和格式。

(2)在"页面设置"对话框中,设置"纸张大小"为"A4",设置"纸张方向"为"横向",设置"多页"为"书籍折页",设置"每册中页数"为"全部",如图 2-67 所示。

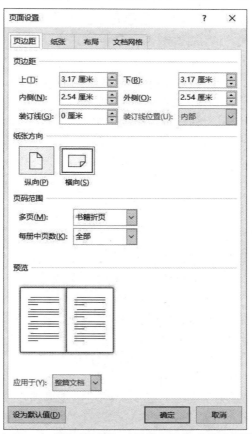

图 2-67　在"页面设置"对话框中设置"书籍折页"

"书籍折页"是系统内置的印刷品版面方案，打印文件时，系统会自动调整页面的打印顺序，如本例按 1→4→2→3 的页面顺序打印文件；另外，如果设计从左侧打开的邀请函，可以设置"多页"为"反向书籍折页"。

（3）完成的邀请函效果如图 2-68 所示。

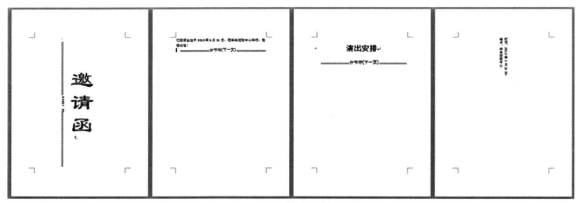

图 2-68　邀请函效果

8. 其他

（1）"域"的使用

● 日期和时间：CreatDate（文档创建日期）、Date（当前日期）。注意，如果在日期格式列表中只呈现英文日期格式，请使用中文输入法再次尝试。

● 文档信息：Author（文档作者姓名，在"新名称"栏中可更改。）、FileName（文档的文件名称）、NumWords（文档的字数）、NumPages（文档的页数）。

● 编号：Section（当前节号）、Page（当前页码）。

【案例】文档共有 6 页，第 1 页和第 2 页为一节，第 3 页和第 4 页为一节，第 5 页和第 6 页为一节。每页显示的内容均为 3 行，依次显示"第 x 节"、"第 y 页"、"共 z 页"，其中 x、y、z 是使用插入的域自动生成的，并以中文大写数字（壹、贰、叁…）的形式显示，左右居中对齐，样式为"正文"。

【操作提示】

交替设置分页、分节，生成三节（共 6 页）文档。

按要求设置第 1 页的内容。

在第 1 行中输入"第节"，在两个字中间插入"域"，打开"域"对话框，设置"类别"为"编号"，设置"域名"为"Section"，在"格式"列表中选择"壹、贰、叁…"选项，如图 2-69 所示，单击"确定"按钮，插入当前节号。

在第 2 行中插入"类别"为"编号"的"Page"域，在第 3 行中插入"类别"为"文档信息"的"NumPages"域，如图 2-70 所示。

将第 1 页的内容复制到其他 5 页中，并更新所有域。

（2）插入字符，如 â（拉丁语-1 增补）、→（箭头）、➔（字体 Wingdings 3 中的箭头）。

（3）文件加密：执行"另存为"→"工具"→"常规选项"菜单命令，打开"常规选项"对话框，设置"打开文件时的密码"为"123"，设置"修改文件时的密码"为"456"，如图 2-71 所示。

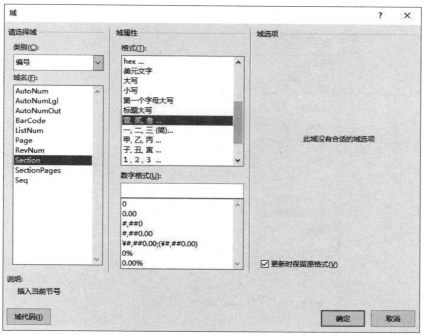

图 2-69 插入当前节号

第壹节↵
第壹页↵
共陆页↵

----------分页符----------↵

图 2-70 在第 1 页中插入"域"后的效果

图 2-71 设置"打开文件时的密码"和"修改文件时的密码"

（4）在"页面设置"对话框的"文档网格"选项卡中，设置每页的行数为"40"，设置每行的字符数为"30"，如图 2-72 所示。

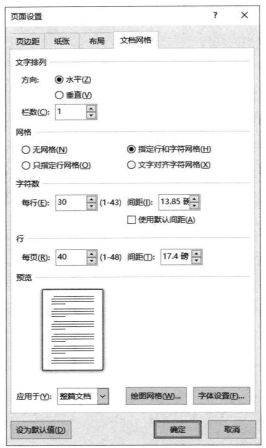

图 2-72 "页面设置"对话框的"文档网格"选项卡

第3章 Excel 2019

本章介绍 Excel 2019 的应用案例，主要内容包括单元格数据的输入与编辑、格式的设置、数据验证、公式与函数、数据筛选、数据透视图（表）等。

3.1 知识点概述

1．单元格数据的输入与编辑

Excel 2019 中的基本数据类型有两种：常量和公式。常量又分为数值、文本、日期、货币等类型。默认情况下，单元格中的文本类型左对齐，数字、日期等类型右对齐。

在 Excel 2019 中，用户不仅可以直接输入数据，还可以拖动填充柄或双击填充柄快速填充数据。

一些特殊数据的输入方法如下。

（1）负数。在数值前加一个"-"号，或者把数值放在括号"()"里输入。

（2）分数。若在单元格中输入分数，应先输入数字"0"和一个空格，然后再输入分数，否则 Excel 2019 会把数据当作日期。

（3）以数字"0"开头的数值类型数据，"0"会被隐藏，若要显示数字"0"，则应将它转换成文本类型数据，即在数字"0"前输入一个英文状态的单引号"'"。

（4）在一个单元格中输入两行信息。如图 3-1 所示，在 D1 单元格中，先输入"单价"，然后按 Alt+Enter，最后输入"（元）"。

	A	B	C	D	E
1	编号	货物名称	规格	单价（元）	销售量

图 3-1　在一个单元格中输入两行信息

2．格式的设置

（1）设置单元格格式。设置数据的类型，如数字、日期、时间等；设置文本的字体、字号、颜色等；设置数据的对齐方式；设置边框、底纹和背景图案等。"设置单元格格式"对话框如图 3-2 所示。

（2）设置行高和列宽。执行"开始"→"单元格"→"格式"菜单命令，在弹出的下拉列表中选择"行高"和"列宽"选项可以精确地设置行高和列宽。此外，也可以用手动的方式将行高和列宽调整为最适合的大小。

（3）条件格式。执行"开始"→"样式"→"条件格式"→"突出显示单元格规则"菜单命令，可以快速查找单元格区域中某个或一组符合特定规则的单元格，并以特殊的格式突出显示该单元格或一组单元格。

图 3-2 "设置单元格格式"对话框

3．数据验证

设置数据验证可以限制单元格或单元格区域的数据输入，使输入数据必须满足一定的要求。利用数据验证还可以实现自定义列表输入，在实际应用过程中，如果某些单元格的数据有指定的选项，如性别、学历、职称等，这时可使用自定义列表。

4．公式与函数

（1）公式编辑栏。如图 3-3 所示，公式编辑栏的左侧为名称框，显示当前单元格的名称或使用的函数的名称；中间的三个按钮分别表示"取消"、"输入"和"插入函数"，公式编辑栏右侧的空白处用于输入公式或插入函数。

图 3-3 Excel 2019 的公式编辑栏

（2）公式中的单元格或单元格区域的相对引用和绝对引用。例如，B1 为相对引用，$B$1 为绝对引用，$B1 和 B$1 为混合引用，按 F4 键可实现相对引用与绝对引用的转换。

（3）运算符。Excel 的运算符包括以下几类。

● 算术运算符。如＋、－、*、/、^，分别表示加、减、乘、除、乘幂运算。

● 比较运算符。如＝（等于）、＞（大于）、＜（小于）、＞＝（大于等于）、＜＝（小于等于）、

＜＞（不等于）。比较运算符用来比较两个值，其结果是一个逻辑值，即真（True）或假（False）。

● 文本运算符。文本运算符指"&"，用于连接两个文本字符串，形成一个新的文本字符串。

● 引用运算符。主要包括"："（冒号）、","（逗号）和" "（单个空格），引用运算符用于表示单元格区域。

（4）内置函数。Excel 提供了很多内置函数，常用的内置函数包括数学与三角函数、统计函数、逻辑函数、财务函数、文本函数、日期与时间函数、查找与引用函数、数据库函数等。

（5）数组公式。数组是单元格的集合或一组值的集合，数组公式即拥有多重数据的公式，用户输入公式后按 Ctrl + Shift + Enter 组合键即可完成计算。

（6）出错信息。如果单元格中的公式无法计算出结果时，单元格将显示一串以"#"开头的错误信息。常见的错误值和产生错误的原因如表 3-1 所示。

表 3-1　常见的错误值和产生错误的原因

错误值	产生错误的原因
#####	单元格内的数值、日期或时间所占据的宽度超出了单元格的宽度，或者单元格内的日期、时间或公式产生了一个负值
#DIV/0！	数值除以零，或者在公式中引用了一个空单元格
#VALUE！	使用错误的参数或运算对象类型
#NAME？	在公式中使用了不能识别的文本（未定义名称）
#N/A	函数或公式中没有可用的数值
#REF！	引用了无效的单元格
#NUM！	在函数或公式中使用了不当的参数或数字
#NULL！	在公式中引用了不允许出现相交，而实际上却已交叉的两个区域

5. 数据筛选

"数据"选项卡包含"排序和筛选"功能组，如图 3-4 所示。Excel 的数据筛选功能包括自动筛选和高级筛选。

图 3-4　"排序和筛选"功能组

（1）自动筛选。单击"排序和筛选"功能组的"筛选"按钮，进入自动筛选模式，单击每个字段名称后面的下拉按钮可设置筛选条件。

（2）高级筛选。当筛选条件比较多，或者使用自动筛选无法解决问题时，可以使用高级筛选功能。使用高级筛选时，必须先设置"条件区域"。单击"排序和筛选"功能组的"高级"按钮，打开"高级筛选"对话框，设置"列表区域"和"条件区域"，设置完成后，就可以进行高级筛选了。

（3）单击"排序和筛选"功能组的"清除"按钮，将撤销筛选操作。

6. 数据透视图（表）

数据透视表和数据透视图是最常用的、功能最全的 Excel 数据分析工具之一。数据透视表是一种能对大量数据快速汇总并建立交叉列表的交互式动态表格，它有机地综合了数据排序、筛选、分类汇总等数据分析功能；数据透视图是另一种数据表现形式，与数据透视表不同，数据透视图允许选择适当的图表及多种颜色来描述数据的特性。

3.2　Excel 基本操作

1. 输入分数

在 Sheet3 的 B1 单元格中输入分数 1/3。

【操作提示】

单击 Sheet3 的 B1 单元格，依次输入"0"、空格和"1/3"。如果直接输入"1/3"，则该数据将被当作日期，如图 3-5 所示。

图 3-5　"1/3"被当作日期

2. 数据验证设置

在 Sheet3 的 A1 单元格中进行设置，要求只能录入 5 位数字或文本。当录入的数字位数有错误时，则提示错误原因，样式为"警告"，错误信息为"只能录入 5 位数字或文本"。

【操作提示】

选中 Sheet3 的 A1 单元格，执行"数据"→"数据验证"菜单命令，打开"数据验证"对话框，在"设置"选项卡中，设置"允许"为"文本长度"，设置"数据"为"等于"，设置"长度"为"5"，如图 3-6 所示。

图 3-6　数据验证设置（一）

切换至"出错警告"选项卡，选择"警告"样式，在"错误信息"文本框中输入"只能录入 5 位数字或文本"，如图 3-7 所示，单击"确定"按钮。

图 3-7　数据验证设置（二）

3. 自定义下拉列表输入

设置某列，如"学位"列，通过下拉列表输入"博士"、"硕士"、"学士"或"无"。

【操作提示】

选中需要输入信息的单元格，执行"数据"→"数据验证"菜单命令，打开"数据验证"对话框，在"设置"选项卡中，设置"允许"为"序列"，在"来源"文本框中输入"博士""硕士""学士""无"，并以英文逗号分隔，如图 3-8 所示，单击"确定"按钮。

图 3-8　数据验证设置（三）

4．设置不能输入重复的数值

设定在 Sheet3 的 F 列中不能输入重复的数值。

【操作提示】

选中 F 列，执行"数据"→"数据验证"菜单命令，打开"数据验证"对话框，在"设置"选项卡中，设置"允许"为"自定义"，在"公式"文本框中输入"=COUNTIF(F:F,F1)=1"。

5．根据身份证号码判断性别

在 Sheet5 中，根据 C1 单元格中的用户的身份证号码，使用函数判断用户的性别（"男"或"女"），并将结果保存在 C2 单元格中。

提示：判断用户的身份证号码的倒数第二位数字的奇偶性，若是奇数，则该用户为"男"，若是偶数，则该用户为"女"。

【操作提示】

选中 Sheet5 的 C2 单元格，在单元格中输入公式"=IF(MOD(MID(C1,17,1),2)=1,"男","女")"。

6．闰年判断

闰年：非整百年份中，能被 4 整除而不能被 100 整除的年份是闰年；整百年份中，能被 400 整除的年份是闰年。

（1）判断 Sheet3 的 C1 单元格中的年份是否为闰年，结果为 TRUE 或 FALSE，并将结果保存在 Sheet3 的 D1 单元格中。

（2）判断当前年份是否为闰年，结果为 TRUE 或 FALSE，并将结果保存在 Sheet3 的 D2 单元格中。

（3）判断当前年份是否为闰年，如果是闰年，则结果显示"闰年"；如果不是闰年，则结果显示"平年"，并将结果保存在 Sheet3 的 D3 单元格中。

【操作提示】

（1）判断 Sheet3 的 C1 单元格中的年份是否为闰年，选中 Sheet3 的 D1 单元格，输入公式"=OR(AND(MOD(YEAR(C1),4)=0,MOD(YEAR(C1),100)<>0),MOD(YEAR(C1),400)=0)"。

（2）判断当前年份是否为闰年，选中 Sheet3 的 D2 单元格，输入公式"=OR(AND(MOD(YEAR(TODAY()),4)=0,MOD(YEAR(TODAY()),100)<>0),MOD(YEAR(TODAY()),400)=0)"。

（3）判断当前年份是否为闰年，选中 Sheet3 的 D3 单元格，输入公式"=IF(OR(AND(MOD(YEAR(TODAY()),4)=0,MOD(YEAR(TODAY()),100)<>0),MOD(YEAR(TODAY()),400)=0),"闰年","平年")"。

7．四舍五入时间

在 Sheet3 中，使用函数将 B2 单元格中的时间四舍五入到最接近的 15 分钟的倍数，并将结果保存在 C2 单元格中。

【操作提示】

公式为"=HOUR(B2)&":"&MROUND(MINUTE(B2),15)"，其中，数学函数 MROUND() 的功能为返回一个舍入到指定倍数的数字。

8．四舍五入数值

在 Sheet3 中，使用函数将 B3 单元格中的数四舍五入到整百，并将结果保存在 C3 单元格中。

【操作提示】

公式为 "=ROUND(B3,-2)"，ROUND 为数学函数。

9. 计算奇数的个数

在 Sheet5 中，使用多个函数组合计算 A1～A10 单元格中的奇数的个数，并将结果存放到 B1 单元格中。

【操作提示】

公式为 "=SUMPRODUCT(MOD(A1:A10,2))"。

10. 自动调整列宽

将 C 列设置为自动调整列宽。

【操作提示】

选中 C 列（单击 C 列的列标），执行 "格式" → "自动调整列宽" 菜单命令。

3.3 Excel 工作表操作

【案例 1】公务员考试成绩表，如图 3-9 所示。

	A	B	C	D	E	F	G	H	I	J	K	L	M	N
1						公务员考试成绩表								
2	报考单位	报考职位	准考证号	姓名	性别	出生年月	学历	学位	笔试成绩	笔试成绩比例分	面试成绩	面试成绩比例分	总成绩	排名
3	市高院	法官(刑事)	050008502132	KS1	女	1973-03-07	博士研究生		154.00		68.75			
4	区法院	法官(刑事)	050008505460	KS2	男	1973-07-15	本科		136.00		90.00			
5	一中院	法官(刑事)	050008501144	KS3	女	1971-12-04	博士研究生		134.00		89.75			
6	市高院	法官(刑事)	050008503756	KS4	女	1969-05-04	本科		142.00		76.00			
7	市高院	法官(民事、行政)	050008502813	KS5	男	1974-08-12	大专		148.50		75.75			
8	三中院	法官(民事、行政)	050008503258	KS6	男	1980-07-28	本科		147.00		89.75			
9	市高院	法官(民事、行政)	050008500383	KS7	男	1979-09-04	硕士研究生		134.50		76.75			
10	区法院	法官(民事、行政)	050008502550	KS8	男	1979-07-16	本科		144.00		89.50			
11	市高院	法官(民事、行政)	050008504650	KS9	男	1973-11-04	硕士研究生		143.00		78.00			
12	三中院	法官(民事、行政)	050008501073	KS10	男	1972-12-11	本科		143.00		90.25			
13	一中院	法官(刑事、男)	050008502309	KS11	男	1970-07-30	硕士研究生		134.00		86.50			
14	一中院	法官(民事、男)	050008501663	KS12	男	1979-02-16	硕士研究生		153.50		90.67			
15	一中院	法官(民事、男)	050008504259	KS13	男	1972-10-31	硕士研究生		133.50		85.00			
16	三中院	法官	050008500508	KS14	男	1972-06-07	本科		128.00		67.50			
17	区法院	法官(男)	050008505099	KS15	男	1974-04-14	大专		117.50		78.00			
18	区法院	法官(民事)	050008503790	KS16	男	1977-03-04	本科		131.50		58.17			

图 3-9 公务员考试成绩表

（1）在 Sheet1 的 "性别" 列中，使用条件格式将 "性别" 为 "女" 的单元格内文字的颜色设置为红色，并将文字加粗显示。

【操作提示】

选中 "性别" 列，执行 "开始" → "条件格式" → "突出显示单元格规则" → "等于" 菜单命令，打开 "等于" 对话框，如图 3-10 所示。

图 3-10 "等于" 对话框

在"为等于以下值的单元格设置格式"文本框中输入"女"，在"设置为"下拉列表中选择"自定义格式"选项，打开"设置单元格格式"对话框，如图 3-11 所示。设置"字形"为"加粗"，"颜色"为"红色"，单击"确定"按钮。

图 3-11 "设置单元格格式"对话框

（2）使用 IF 函数，对 Sheet1 中的"学位"列进行自动填充，要求如下。
填充的内容根据"学历"列的内容进行确定（假定学生均已获得相应的学位）。

- 博士研究生：博士。
- 硕士研究生：硕士。
- 本科：学士。
- 其他：无。

【操作提示】

选中 H3 单元格，如图 3-12 所示，在公式编辑栏中直接输入公式"=IF(G3="博士研究生","博士",IF(G3="硕士研究生","硕士",IF(G3="本科","学士","无")))"，拖动或直接双击填充柄填充数据。

图 3-12 公式编辑栏

输入公式时须注意以下几点：

- 公式从等号"="开始；

● 公式中所有的引号、逗号、括号等都必须在英文状态下输入；

● 左、右括号必须成对。

当公式中包含函数，特别是函数里面有函数（函数的嵌套使用）时，公式往往会变得比较复杂，这时直接输入就比较困难了，下面介绍使用插入（嵌套）函数的方法输入公式。

选中 H3 单元格，单击公式编辑栏上的"插入函数"图标，打开"插入函数"对话框，如图 3-13 所示。

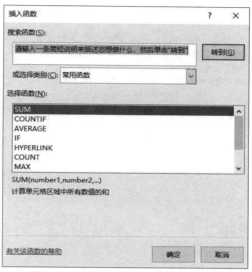

图 3-13　"插入函数"对话框（一）

选择"逻辑"函数类别中的"IF"函数，如图 3-14 所示，单击"确定"按钮，打开"函数参数"对话框。

说明：在"插入函数"对话框的"或选择类别"下拉列表中，默认显示"常用函数"选项，如果此时下方的"选择函数"列表中有"IF"函数，则可以直接选择该函数。

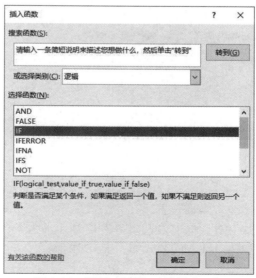

图 3-14　"插入函数"对话框（二）

在"函数参数"对话框中输入前两个参数，如图 3-15 所示。

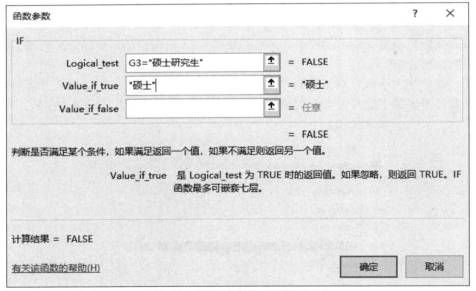

图 3-15　"函数参数"对话框（一）

将光标定位在第三个参数的位置，在"公式编辑栏"左侧的下拉列表中选择"IF"函数，弹出新的"函数参数"对话框，同样在其中输入前两个参数，如图 3-16 所示。

图 3-16　"函数参数"对话框（二）

再次将光标定位在第三个参数的位置，在"公式编辑栏"左侧的下拉列表中选择"IF"函数，在弹出的"函数参数"对话框中输入如图 3-17 所示的内容。

至此，单击"确定"按钮，插入的公式如图 3-18 所示。

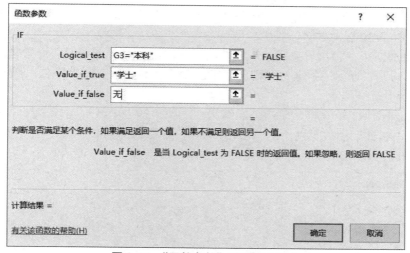

图 3-17　"函数参数"对话框（三）

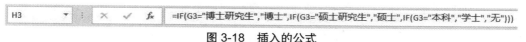

图 3-18　插入的公式

（3）在 Sheet1 中，使用数组公式计算以下内容。

● 计算笔试比例分，并将结果保存在"公务员考试成绩表"的"笔试比例分"列中。计算公式为"笔试比例分=（笔试成绩÷3）×60%"。

● 计算面试比例分，并将结果保存在"公务员考试成绩表"的"面试比例分"列中。计算公式为"面试比例分=面试成绩×40%"。

● 计算总成绩，并将结果保存在"公务员考试成绩表"的"总成绩"列中。计算公式为"总成绩=笔试比例分+面试比例分"。

【操作提示】

选中 J3:J18 单元格，在公式编辑栏中输入公式"=(I3:I18/3)*60%"，按 Ctrl+Shift+Enter 组合键完成计算，数组公式为"{=(I3:I18/3)*60%}"。

选中 L3:L18 单元格，在公式编辑栏中输入公式"=K3:K18*40%"，按 Ctrl+Shift+Enter 组合键完成计算，数组公式为"{=K3:K18*40%}"。

选中 M3:M18 单元格，在公式编辑栏中输入公式"=J3:J18+L3:L18"，按 Ctrl+Shift+Enter 组合键完成计算，数组公式为"{=J3:J18+L3:L18}"。

（4）将 Sheet1 中的"公务员考试成绩表"复制到 Sheet2 中，根据要求修改"公务员考试成绩表"中的数组公式，并将结果保存在 Sheet2 的相应列中。要求：修改"笔试比例分"的计算公式为"笔试比例分 =（笔试成绩÷2）×60%"，并将结果保存在"笔试比例分"列中。

注意：

● 在复制过程中，将标题"公务员考试成绩表"与数据一同复制；

● 复制数据表后，进行粘贴时，数据表必须顶格放置。

【操作提示】

选中需要复制的内容（连同标题）并右击，在弹出的快捷菜单中选择"复制"选项，单击"Sheet2"工作表标签，在 Sheet2 的 A1 单元格中右击，在弹出的快捷菜单中选择"粘贴"选项。

单击 Sheet2 的"笔试比例分"列的任意单元格，在公式编辑栏中按照要求修改公式，并按 Ctrl+Shift+Enter 组合键重新计算。

（5）在 Sheet2 中，根据"总成绩"列的结果使用函数对所有考生进行排名，如果多位考生的总成绩相同，则返回的排名也相同。要求：将排名结果保存在"排名"列中。

【操作提示】

选中 Sheet2 的 N3 单元格，单击公式编辑栏上的"插入函数"图标，打开"插入函数"对话框，选择"统计"函数类别中的"RANK.EQ"函数（最佳排名函数），打开 RANK.EQ 的"函数参数"对话框，依次填入三个参数，如图 3-19 所示。

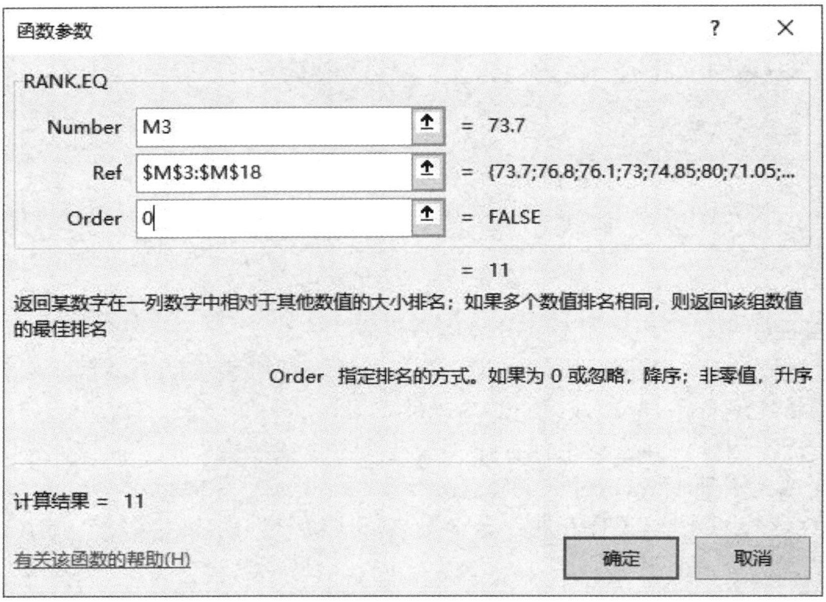

图 3-19 RANK.EQ 的"函数参数"对话框

RANK.EQ 函数的第二个参数表示所有总成绩，注意必须采用绝对引用地址，函数公式为"=RANK.EQ(M3,$M$3:$M$18,0)"，双击填充柄完成数据填充。

（6）将 Sheet2 中的"公务员考试成绩表"复制到 Sheet3 中，并对 Sheet3 中的表格进行高级筛选，要求如下。

将筛选结果保存在 Sheet3 中，筛选条件如下。

- "报考单位"：一中院。
- "性别"：男。
- "学历"：硕士研究生。

注意：

- 无须考虑是否删除或移动筛选条件；
- 在复制过程中，将标题"公务员考试成绩表"与数据一同复制；
- 复制数据表后，进行粘贴时，数据表必须顶格放置。

【操作提示】

将 Sheet2 中的"公务员考试成绩表"复制到 Sheet3 中；在 Sheet3 中设置筛选条件，如图 3-20 所示，注意条件区域必须与原始的表格分开（至少用一行或一列分隔）。

公务员考试成绩表													
报考单位	报考职位	准考证号	姓名	性别	出生年月	学历	学位	笔试成绩	笔试成绩比例分	面试成绩	面试成绩比例分	总成绩	排名
市高院	法官(刑事)	050008502132	KS1	女	1973-03-07	博士研究生	博士	154.00	46.20	68.75	27.50	73.70	11
区法院	法官(刑事)	050008505460	KS2	男	1973-07-15	本科	学士	136.00	40.80	90.00	36.00	76.80	5
一中院	法官(刑事)	050008501144	KS3	女	1971-12-04	博士研究生	博士	134.00	40.20	89.75	35.90	76.10	6
市高院	法官(刑事)	050008503756	KS4	男	1969-05-04	本科	学士	142.00	42.60	76.00	30.40	73.00	12
市高院	官(民事、行政	050008502813	KS5	男	1974-08-12	大专	无	148.50	44.55	75.75	30.30	74.85	7
三中院	官(民事、行政	050008503258	KS6	男	1980-07-28	本科	学士	147.00	44.10	89.75	35.90	80.00	2
市高院	官(民事、行政	050008500383	KS7	男	1979-09-04	硕士研究生	硕士	134.50	40.35	76.75	30.70	71.05	13
区法院	官(民事、行政	050008502550	KS8	男	1979-07-16	本科	学士	144.00	43.20	89.50	35.80	79.00	3
市高院	官(民事、行政	050008504650	KS9	男	1973-11-04	硕士研究生	硕士	143.00	42.90	78.00	31.20	74.10	9
三中院	官(民事、行政	050008501073	KS10	男	1972-12-11	本科	学士	143.00	42.90	90.25	36.10	79.00	3
一中院	法官(刑事、男	050008502309	KS11	男	1970-07-30	硕士研究生	硕士	134.00	40.20	86.50	34.60	74.80	8
一中院	法官(刑事、男	050008501663	KS12	男	1979-02-16	硕士研究生	硕士	153.50	46.05	90.67	36.27	82.32	1
一中院	法官(民事、男	050008504259	KS13	男	1972-10-31	硕士研究生	硕士	133.50	40.05	85.00	34.00	74.05	10
三中院	法官	050008500508	KS14	男	1972-06-07	本科	学士	128.00	38.40	67.50	27.00	65.40	15
区法院	法官(男)	050008505099	KS15	男	1974-04-14	大专	无	117.50	35.25	78.00	31.20	66.45	14
区法院	法官(民事)	050008503790	KS16	男	1977-03-04	本科	学士	131.50	39.45	58.17	23.27	62.72	16

另有：

报考单位	性别	学历
一中院	男	硕士研究生

图 3-20　设置筛选条件

单击"公务员考试成绩表"的任意单元格,执行"数据"→"排序和筛选"→"高级"菜单命令,打开"高级筛选"对话框,如图 3-21 所示。其中,"列表区域"文本框已自动填入单元格的绝对引用地址,接着在"条件区域"文本框中设置筛选条件(6 个单元格的绝对引用地址),单击"确定"按钮,筛选结果如图 3-22 所示。

图 3-21　"高级筛选"对话框

公务员考试成绩表													
报考单位	报考职位	准考证号	姓名	性别	出生年月	学历	学位	笔试成绩	笔试成绩比例分	面试成绩	面试成绩比例分	总成绩	排名
一中院	法官(刑事、男	050008502309	KS11	男	1970-07-30	硕士研究生	硕士	134.00	40.20	86.50	34.60	74.80	8
一中院	法官(刑事、男	050008501663	KS12	男	1979-02-16	硕士研究生	硕士	153.50	46.05	90.67	36.27	82.32	1
一中院	法官(民事、男	050008504259	KS13	男	1972-10-31	硕士研究生	硕士	133.50	40.05	85.00	34.00	74.05	10

图 3-22　筛选结果

(7)根据 Sheet2 中的"公务员考试成绩表",在 Sheet4 中创建一张数据透视表,要求如下。

- 显示报考每个单位的人员的学历情况,并进行汇总。
- 将行区域设置为"报考单位"。
- 将列区域设置为"学历"。
- 将数据区域设置为"学历"。
- 计数项为学历。

【操作提示】

单击"公务员考试成绩表"的任意单元格,执行"插入"→"数据透视表"菜单命令,打开"创建数据透视表"对话框,如图 3-23 所示。

图 3-23 "创建数据透视表"对话框

其中，"请选择要分析的数据"区域下的"选择一个表或区域"单选钮已被自动选中，在"选择放置数据透视表的位置"区域下选中"现有工作表"单选钮，设置"位置"为"Sheet4!$A$1"，单击"确定"按钮，打开"数据透视表字段列表"对话框，如图 3-24 所示。

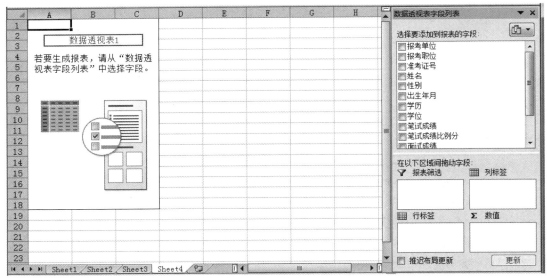

图 3-24 "数据透视表字段列表"对话框

在"选择要添加到报表的字段"列表中，将"报考单位"拖至"行标签"内，将"学历"拖至"列标签"内，设置"数值"为"学历"，生成的数据透视表如图 3-25 所示。

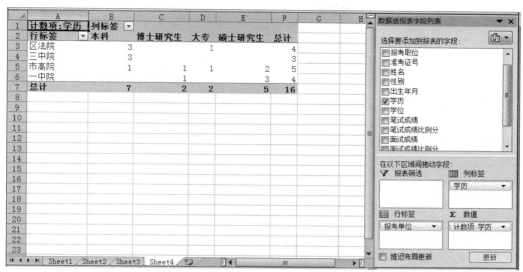

图 3-25　数据透视表

【案例 2】采购情况表，如图 3-26 所示。

（1）在 Sheet1 的"瓦数"列中，使用条件格式将"瓦数"值小于 100 的单元格内文字的颜色设置为红色，并将文字加粗显示。

【操作提示】

选中 B3:B18 单元格，执行"开始"→"条件格式"→"突出显示单元格规则"→"小于"菜单命令，在"为小于以下值的单元格设置格式"文本框中输入"100"，并设置自定义格式为"加粗、红色"。

	A	B	C	D	E	F	G	H	I	J	K	L
1				采购情况表								
2	产品	瓦数	寿命（小时）	商标	单价	每盒数量	采购盒数	采购总额				
3	白炽灯	200	3000	上海	4.50	4	3			条件区域1：		
4	氖管	100	2000	上海	2.00	15	2			商标	产品	瓦数
5	日光灯	60	3000	上海	2.00	10	5			上海	白炽灯	<100
6	其他	10	8000	北京	0.80	25	6					
7	白炽灯	80	1000	上海	0.20	40	3					
8	日光灯	100	未知	上海	1.25	10	4			条件区域2：		
9	日光灯	200	3000	上海	2.50	15	0			产品	瓦数	瓦数
10	其他	25	未知	北京	0.50	10	3			白炽灯	>=80	<=100
11	白炽灯	200	3000	北京	5.00	3	2					
12	氖管	100	2000	北京	1.80	20	5					
13	白炽灯	100	未知	北京	0.25	10	5					
14	白炽灯	10	800	上海	0.20	25	2					
15	白炽灯	60	1000	北京	0.15	25	0					
16	白炽灯	80	1000	北京	0.20	30	2					
17	白炽灯	100	2000	上海	0.80	10	5					
18	白炽灯	40	1000	上海	0.10	20	5					
19												
20												
21												
22												
23												
24				情况			计算结果					
25	商标为上海，瓦数小于100的白炽灯的平均单价：											
26	产品为白炽灯，其瓦数大于等于80且小于等于100的品种数：											

图 3-26　采购情况表

（2）使用数组公式，计算 Sheet1 的"采购情况表"中的每种产品的采购总额，将结果保存到"采购总额"列中。计算公式为"采购总额=单价×每盒数量×采购盒数"。

【操作提示】

数组公式为"=E3:E18*F3:F18*G3:G18"，按 Ctrl+Shift+Enter 组合键完成计算。

（3）根据 Sheet 1 的"采购情况表"，使用数据库函数及已设置的条件区域，计算数据。

● 计算"商标"为"上海"，"寿命"小于 100（小时）的白炽灯的平均单价，并将结果填入 Sheet1 的 G25 单元格中，保留小数 2 位。

● 计算"产品"为"白炽灯"，"瓦数"大于等于 80 且小于等于 100 的品种数量，并将结果填入 Sheet1 的 G26 单元格中。

【操作提示】

选中 G25 单元格，插入数据库函数 DAVERAGE，设置函数的三个参数，三个参数分别表示列表（数据库）区域、求平均值的列、已设置的条件区域，如图 3-27 所示。

图 3-27　DAVERAGE 函数的"函数参数"对话框

在公式编辑栏中输入公式"=DAVERAGE(A2:H18,E2,J4:L5)"，其中的第二个参数也可以是数字 5（即第 5 列）。

执行"开始"→"单元格"→"格式"→"设置单元格格式"菜单命令，打开"设置单元格格式"对话框，在"分类"列表中选择"数值"选项，设置"小数位数"为"2"。

选中 G26 单元格，插入数据库函数 DCOUNT，设置函数的三个参数，公式为"=DCOUNT(A2:H18,B2,J9:L10)"，其中的第二个参数可以是值为数值的任何列。

计算结果如图 3-28 所示。

24	情况	计算结果
25	商标为上海，瓦数小于100的白炽灯的平均单价：	0.17
26	产品为白炽灯，其瓦数大于等于80且小于等于100的品种数：	4

图 3-28　计算结果

数据库函数的函数名都是以字母"D"开头的，通常用于多个条件的统计和计算，使用这类函数时应设置条件区域，如本案例的 J4:L5 和 J9:L10 中的内容，如图 3-29 所示。

	J	K	L
条件区域1:			
	商标	产品	瓦数
	上海	白炽灯	<100
条件区域2:			
	产品	瓦数	瓦数
	白炽灯	>=80	<=100

图 3-29　设置数据库函数的条件区域

（4）某公司要对各部门员工的吸烟情况进行统计，被调查的人员只能回答 Y（吸烟）或 N（不吸烟）。根据调查情况，在 Sheet2 中制作"吸烟情况调查表"，如图 3-30 所示。使用函数统计符合以下条件的数值。

- 统计未登记的部门数量，将结果保存在 B14 单元格中。
- 统计在已登记的部门中，存在吸烟情况的部门数量，将结果保存在 B15 单元格中。

	A	B	C	D	E	F	G	H
1		吸烟调查情况表						
2		部门1	部门2	部门3	部门4		Y:	吸烟
3	车间1	Y	N				N:	不吸烟
4	车间2		Y	Y	Y			
5	车间3							
6	车间4	N		N	N			
7	车间5	Y		Y				
8	车间6	Y	Y	Y				
9	车间7		N	Y				
10	车间8	N	N	Y	Y			
11	车间9			Y				
12	车间10	Y	N		Y			
13								
14	未登记数:							
15	吸烟部门数:							
16								
17								
18								
19								
20								
21		15						
22	是否为文本:							

图 3-30　吸烟情况调查表

【操作提示】

选中 B14 单元格，插入统计函数 COUNTBLANK，在公式编辑栏中输入公式"=COUNTBLANK(B3:E12)"，COUNTBLANK 函数用于统计区域内空白单元格的数量。

选中 B15 单元格，插入统计函数 COUNTIF，在公式编辑栏中输入公式"=COUNTIF(B3:E12, "Y")"，COUNTIF 函数用于统计区域内满足条件（"Y"）的单元格的数量。

（5）使用函数对 Sheet2 的 B21 单元格中的内容进行判断，判断其是否为文本，如果是文本，则在单元格中填充"TRUE"，如果不是文本，则在单元格中填充"FALSE"，并将结果保存在 Sheet2 的 B22 单元格中。

【操作提示】

选中 B22 单元格，插入信息函数 ISTEXT，该函数用于判断指定单元格中的内容是否为文本，返回"TRUE"或"FALSE，在公式编辑栏中输入公式"=ISTEXT(B21)"。

（6）将 Sheet1 中的"采购情况表"复制到 Sheet3 中，对 Sheet3 中的表格进行高级筛选，要求如下。

筛选条件："产品"为"白炽灯"，"商标"为"上海"，并将结果保存在 Sheet3 中。

注意：

● 无须考虑是否删除或移动筛选条件；

● 在复制过程中，将标题"采购情况表"与数据一同复制；

● 复制数据表后，进行粘贴时，数据表必须顶格放置。

【操作提示】

详细操作过程请参阅案例 1。注意必须先设置条件区域，如图 3-31 所示。筛选结果如图 3-32 所示。

	K	L
6	产品	商标
7	白炽灯	上海

图 3-31　设置条件区域（案例 2）

	A	B	C	D	E	F	G	H
1	采购情况表							
2	产品	瓦数	寿命（小时）	商标	单价	每盒数量	采购盒数	采购总额
3	白炽灯	200	3000	上海	4.50	4	3	54.00
7	白炽灯	80	1000	上海	0.20	40	3	24.00
14	白炽灯	10	800	上海	0.20	25	2	10.00
17	白炽灯	100	2000	上海	0.80	10	5	40.00
18	白炽灯	40	1000	上海	0.10	20	5	10.00

图 3-32　筛选结果（案例 2）

（7）根据 Sheet1 中的"采购情况表"，在 Sheet4 中创建一张数据透视表，要求如下。

● 显示不同商标、不同产品的采购数量。

● 将行区域设置为"产品"。

● 将列区域设置为"商标"。

● 将数据区域设置为"采购盒数"。

● 求和项为"采购盒数"。

【操作提示】

详细操作过程请参阅案例 1。数据透视表如图 3-33 所示。

	A	B	C	D
1	求和项:采购盒数	列标签 ▼		
2	行标签　　　▼	北京	上海	总计
3	白炽灯	9	18	27
4	氖管	5	2	7
5	其他	9		9
6	日光灯		9	9
7	总计	23	29	52

图 3-33　数据透视表（案例 2）

【案例 3】用户信息表，如图 3-34 所示。

	A	B	C	D	E	F	G	H
1	姓　名	性　别	出生年月	年　龄	所在区域	原电话号码	升级后号码	是否>=40男性
2	王一	男	1967-6-15		西湖区	05716742801		
3	张二	女	1974-9-27		上城区	05716742802		
4	林三	男	1953-2-21		下城区	05716742803		
5	胡四	女	1986-3-30		拱墅区	05716742804		
6	吴五	男	1953-8-3		下城区	05716742805		
7	章六	女	1959-5-12		上城区	05716742806		

图 3-34　用户信息表

（1）利用当前年份与用户出生年份，计算用户的年龄（年龄为当前年份与用户出生年份的差值），并将计算结果保存在"年龄"列中。

【操作提示】

选中 D2 单元格，在公式编辑栏中输入公式"=YEAR(TODAY())-YEAR(C2)"，或者打开"插入函数"对话框，在"日期与时间"类别中选择"YEAR"函数，打开 YEAR 函数的"函数参数"对话框，如图 3-35 所示。

图 3-35　YEAR 函数的"函数参数"对话框

此时，可以在"Serial_number"文本框中输入"TODAY()"，如图 3-36 所示；也可以采用嵌套函数的插入方法，步骤如下：先单击公式编辑栏左侧的下拉按钮，然后在弹出的下拉列表中选择 TODAY 函数，最后在公式编辑栏中把公式的后半部分补充完整。

图 3-36　输入"TODAY()"

（2）使用 REPLACE 函数对 Sheet1 中的用户的电话号码进行升级。要求如下：

在"原电话号码"列中，给区号（0571）后面补充数字"8"，并将结果保存在"升级后号码"列中。

例如，电话号码"05716742808"升级后为"057186742808"。

【操作提示】

在 G2 单元格中输入公式"=REPLACE(F2,5,0,8)"或"=REPLACE(F2,1,4,"05718")"；双击填充柄填充数据。在本例中，REPLACE 函数可以将一个字符串中的部分字符用另一个字符串替换，其本质是一个文本函数。

（3）在 Sheet1 中，根据"性别"列和"年龄"列中的数据，使用 AND 函数对所有用户进行判断，如果用户是年龄大于等于 40 岁的男性，则结果为 TRUE；否则，结果为 FALSE，并将结果保存在"是否>=40 男性"列中。

【操作提示】

在 H2 单元格中输入公式"=AND(B2="男",D2>=40""，双击填充柄填充数据。逻辑函数 AND 用于连接两个或两个以上的条件，当所有条件都成立时，结果为 TRUE；否则，结果为 FALSE。

（4）根据 Sheet1 中的数据，对以下条件使用统计函数 COUNTIF 进行统计，统计结果如图 3-37 所示。要求如下：

- 统计性别为"男"的用户的人数，将结果保存在 Sheet2 的 B2 单元格中；
- 统计年龄大于 40 岁的用户的人数，将结果保存在 Sheet2 的 B3 单元格中。

	A	B
1	情 况	计算结果
2	男性用户数量：	
3	大于40岁用户数量：	

图 3-37 统计结果

【操作提示】

选中 Sheet2 的 B2 单元格，输入公式"=COUNTIF(Sheet1!B2:B37,"男")"。

选中 Sheet2 的 B3 单元格，输入公式"=COUNTIF(Sheet1!D2:D37,">40")"。

（5）将 Sheet1 中的表格复制到 Sheet3 中，并对 Sheet3 中的表格进行高级筛选，将筛选结果保存在 Sheet3 中，筛选条件如下。

- "性别"：女。
- "所在区域"：西湖区。

注意：

- 无须考虑是否删除或移动筛选条件；
- 复制数据表后，进行粘贴时，数据表必须顶格放置。

【操作提示】

详细操作过程请参阅案例 1。注意必须先设置条件区域，如图 3-38 所示；筛选结果如图 3-39 所示。

	J	K
3	所在区域	性 别
4	西湖区	女

图 3-38 设置条件区域（案例 3）

	A	B	C	D	E	F	G	H
1	姓 名	性 别	出生年月	年 龄	所在区域	原电话号码	升级后号码	是否>=40男性
10	韩九	女	1973-4-17	40	西湖区	05716742809	057186742809	FALSE
19	许九	女	1972-9-1	41	西湖区	05716742818	057186742818	FALSE
24	叶五	女	1970-7-19	43	西湖区	05716742823	057186742823	FALSE
28	郁九	女	1967-4-5	46	西湖区	05716742827	057186742827	FALSE

图 3-39 筛选结果（案例 3）

（6）根据 Sheet1 的结果，创建一个数据透视图，并将其保存在 Sheet4 中，要求如下。

- 显示每个区域所拥有的用户数量。

- 将 x 坐标设置为"所在区域"。
- 计数项为"所在区域"。
- 将对应的数据透视表保存在 Sheet4 中。

【操作提示】

单击 Sheet1 的"用户信息表"中的任意单元格，执行"插入"→"图表"→"数据透视图"菜单命令，打开"创建数据透视图"对话框，在"选择放置数据透视图的位置"区域中选中"现有工作表"单选钮，并在"位置"文本框中输入"Sheet4!\$A\$1"，如图 3-40 所示。

图 3-40　创建数据透视图（案例 3）

单击"确定"按钮，打开"数据透视表字段列表"对话框，将"所在区域"拖至"轴字段（分类）"及"数值（计数项）"内，生成的数据透视表及数据透视图如图 3-41 所示。

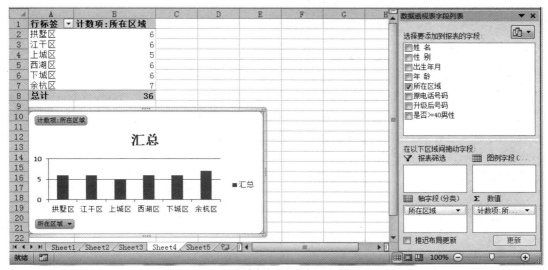

图 3-41　生成的数据透视表及数据透视图

3.4　Excel 案例练习

【案例 1】教材订购情况表，如图 3-42 所示。

	A	B	C	D	E	F	G	H	I
1	教材订购情况表								
2	客户	ISSN	教材名称	出版社	版次	作者	订数	单价	金额
3	c1	7-5600-5710-6	新编大学英语快速阅读3	外语教学与研究出版社	一版	编著者1	9855	23	
4	c1	7-04-513245-8	高等数学 下册	高等教育出版社	六版	编著者2	3700	25	
5	c1	7-04-813245-9	高等数学 上册	高等教育出版社	六版	编著者3	3500	24	
6	c1	7-04-414587-1	概率论与数理统计教程	高等教育出版社	四版	编著者4	1592	31	
7	c1	7-5341-1401-2	Visual Basic 程序设计教程	浙江科技出版社	一版	编著者5	1504	27	
8	c1	7-03-027426-7	大学信息技术基础	科学出版社	二版	编著者6	1249	18	
9	c1	7-03-012345-6	化工原理（下）	科学出版社	一版	编著者7	924	40	
10	c1	7-04-345678-0	电路	高等教育出版社	五版	编著者8	869	35	
11	c1	7-03-012346-8	化工原理(上)	科学出版社	一版	编著者9	767	38	
12	c1	7-300-05679-2	管理学（第七版中文）	中国人民大学出版社	一版	编著者10	585	55	
13	c1	7-121-02828-9	数字电路	电子工业出版社	一版	编著者11	555	34	
14	c1	7-04-021908-1	复变函数	高等教育出版社	四版	编著者12	540	29	
15	c1	7-04-001245-2	大学文科高等数学 1	高等教育出版社	一版	编著者13	518	26	
16	c1	7-81080-159-7	大学英语 快读 2	上海外语教育出版社	修订	编著者14	500	28	
17	c1	7-5341-1523-4	C程序设计基础	浙江科学技术出版社	一版	编著者15	500	30	
18	c2	7-04-015710-6	现代公关礼仪	高教	二版	编著者16	160	21	
19	c2	7-402-13245-8	社会保险	中国金融	二版	编著者17	160	25	
20	c2	7-300-54329-8	审计学	人民大学	五版	编著者18	146	26	

（a）

	K	L
1	统计情况	统计结果
2	出版社名称为“高等教育出版社”的书的种类数：	
3	订购数量大于110，且小于850的书的种类数：	
4		
5		
6	用户支付情况表	
7	用户	支付总额
8	c1	
9	c2	
10	c3	
11	c4	

（b）

图 3-42　教材订购情况表（部分）

（1）使用数组公式对 Sheet1 中的“教材订购情况表”（见图 3-42（a））的订购金额进行计算。将结果保存在该表的“金额”列中，计算公式为“金额=订数×单价”。

（2）使用统计函数对 Sheet1 中的“教材订购情况表”的结果按以下条件进行统计，并将结果保存在 Sheet1 的相应单元格中，如图 3-42（b）所示。要求如下：

统计出版社名称为“高等教育出版社”的书的种类数，并将结果保存在 Sheet1 的 L2 单元格中；

统计订购数量大于 110，且小于 850 的书的种类数，并将结果保存在 Sheet1 的 L3 单元格中。

（3）使用函数计算每个用户订购图书所需支付的金额，并将结果保存在 Sheet1 的“用户支付情况表”的“支付总额”列中。

（4）将 Sheet1 中的“教材订购情况表”复制到 Sheet3 中，对 Sheet3 中的表格进行高级筛选。筛选条件为“订数≥500，并且金额≤30000”，将结果保存在 Sheet3 中。

注意：

- 无须考虑是否删除或移动筛选条件；
- 在复制过程中，将标题"教材订购情况表"与数据一同复制；
- 复制数据表后，进行粘贴时，数据表必须顶格放置；
- 在复制过程中，保持数据一致。

（5）根据 Sheet1 中的"教材订购情况表"，在 Sheet4 中创建一张数据透视表，要求如下：

- 显示每个客户在各出版社所订的教材数目；
- 将行区域设置为"出版社"；
- 将列区域设置为"客户"；
- 数据区域为"订数"；
- 求和项为"订数"。

【操作提示】

（1）选中 I3:I52 单元格，输入公式"=G3:G52*H3:H52"，按 Ctrl+Shift+Enter 组合键完成数组公式的计算。

（2）单击 L2 单元格，输入公式"=COUNTIF(D3:D52,"高等教育出版社")"，该公式的含义是统计 D3:D52 单元格区域内值为"高等教育出版社"的单元格数量。

单击 L3 单元格，输入公式"=COUNTIF(G3:G52,">110")-COUNTIF(G3:G52,">=850")"，该公式的含义是订购数量大于 110，且小于 850 的书的种类数。

统计结果如图 3-43 所示。

统计情况	统计结果
出版社名称为"高等教育出版社"的书的种类数：	6
订购数量大于110,且小于850的书的种类数：	28

图 3-43　统计结果（案例 1）

（3）单击 L8 单元格，插入函数 SUMIF，输入函数的三个参数，三个参数分别表示要进行统计的单元格区域、条件、要进行求和的单元格区域，如图 3-44 所示。

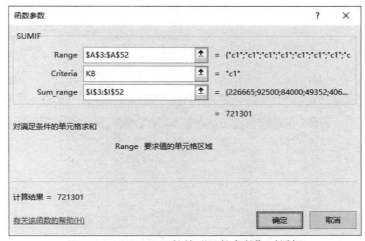

图 3-44　SUMIF 函数的"函数参数"对话框

输入公式为"=SUMIF($A$3:$A$52,K8,$I$3:$I$52)"，注意正确使用绝对引用地址和相对引用地址，最后双击填充柄完成数据填充，用户支付情况如图 3-45 所示。

用户支付情况表	
用户	支付总额
c1	721301
c2	53337
c3	65122
c4	71253

图 3-45　用户支付情况

（4）筛选结果如图 3-46 所示。

	A	B	C	D	E	F	G	H	I
1			教材订购情况表						
2	客户	ISSN	教材名称	出版社	版次	作者	订数	单价	金额
8	c1	7-03-0274	大学信息技	科学出版社	二版	编著者6	1249	18	22482
11	c1	7-03-0123	化工原理（	科学出版社	一版	编著者9	767	38	29146
13	c1	7-121-028	数字电路	电子工业出	一版	编著者11	555	34	18870
14	c1	7-04-0219	复变函数	高等教育出	四版	编著者12	540	29	15660
15	c1	7-04-0012	大学文科高	高等教育出	一版	编著者13	518	26	13468
16	c1	7-81080-1	大学英语	上海外语教	修订	编著者14	500	28	14000
17	c1	7-5341-15	C程序设计	浙江科学技	一版	编著者15	500	30	15000
44	c3	7-5303-88	国际贸易	中国金融出	05版	编著者42	645	35	22575
48	c4	7-402-157	新编统计学	立信会计	二版	编著者46	637	32	20384
49	c4	7-04-1132	经济法（含	高等教育	二版	编著者47	589	35	20615

图 3-46　筛选结果（案例 1）

（5）数据透视表如图 3-47 所示。

图 3-47　数据透视表（案例 1）

【案例 2】采购表，如图 3-48 所示。

	A	B	C	D	E	F
9			采购表			
10	项目	采购数量	采购时间	单价	折扣	合计
11	衣服	20	2008-1-12			
12	裤子	45	2008-1-12			
13	鞋子	70	2008-1-12			
14	衣服	125	2008-2-5			
15	裤子	185	2008-2-5			
16	鞋子	140	2008-2-5			
17	衣服	225	2008-3-14			
18	裤子	210	2008-3-14			
19	鞋子	260	2008-3-14			
20	衣服	385	2008-4-30			
21	裤子	350	2008-4-30			
22	鞋子	315	2008-4-30			

图 3-48　采购表（部分）

（1）使用 VLOOKUP 函数，对 Sheet1 中的商品单价进行自动填充。要求如下：

根据"价格表"（见图 3-49）中的商品单价，利用 VLOOKUP 函数，将单价自动填充到采购表中的"单价"列中。

	A	B	C	D	E	F	G
1	折扣表					价格表	
2	数量	折扣率	说明			类别	单价
3	0	0%	0-99件的折扣率			衣服	120
4	100	6%	100-199件的折扣率			裤子	80
5	200	8%	200-299件的折扣率			鞋子	150
6	300	10%	300件的折扣率				

图 3-49　折扣表和价格表

（2）使用逻辑函数对 Sheet1 中的商品折扣率进行自动填充。要求如下：

根据"折扣表"（见图 3-49）中的商品折扣率，利用函数将折扣率自动填充到采购表中的"折扣"列中。

（3）利用公式计算 Sheet1 中的"合计"。要求如下：

根据"采购数量"、"单价"和"折扣"，计算采购的合计金额，并将结果填入采购表中的"合计"列中，计算公式为"合计=单价×采购数×（1-折扣率）"。

（4）使用 SUMIF 函数统计各种商品的"总采购量"和"总采购金额"，将结果保存在 Sheet1 中的"统计表"（见图 3-50）中。

	I	J	K
10	统计表		
11	统计类别	总采购量	总采购金额
12	衣服		
13	裤子		
14	鞋子		

图 3-50　统计表

（5）将 Sheet1 中的"采购表"复制到 Sheet2 中，对 Sheet2 中的表格进行高级筛选。

● 筛选条件为"采购数量">150，"折扣率">0。

● 将筛选结果保存在 Sheet2 中。

（6）根据 Sheet1 中的采购表，新建一张数据透视图，并将其保存在 Sheet3 中。要求如下：

● 数据透视图可以显示在每个采购时间点所采购的所有项目的汇总情况；

● 将 x 坐标设置为"采购时间"；

● 求和项为采购数量；

● 将对应的数据透视表也保存在 Sheet3 中。

【操作提示】

（1）单击 D11 单元格，插入查找与引用函数 VLOOKUP，"函数参数"对话框如图 3-51 所示，在公式编辑栏中输入公式"=VLOOKUP(A11,$F$3:$G$5,2,FALSE)"。其中，第二个参数必须使用绝对引用地址；第四个参数为 FALSE，FALSE 表示大致匹配，如果省略该参数或该参数为 TRUE，表示精确匹配，使用 VLOOKUP 函数前必须先对"价格表"按类别升序排序。

如果"价格表"的形式如图 3-52 所示，则应插入 HLOOKUP 函数（见图 3-53），该函数用于搜索数组区域首行所满足条件的元素，确定待检索单元格在区域中的列序号，再进一步返回选定单元格的值。

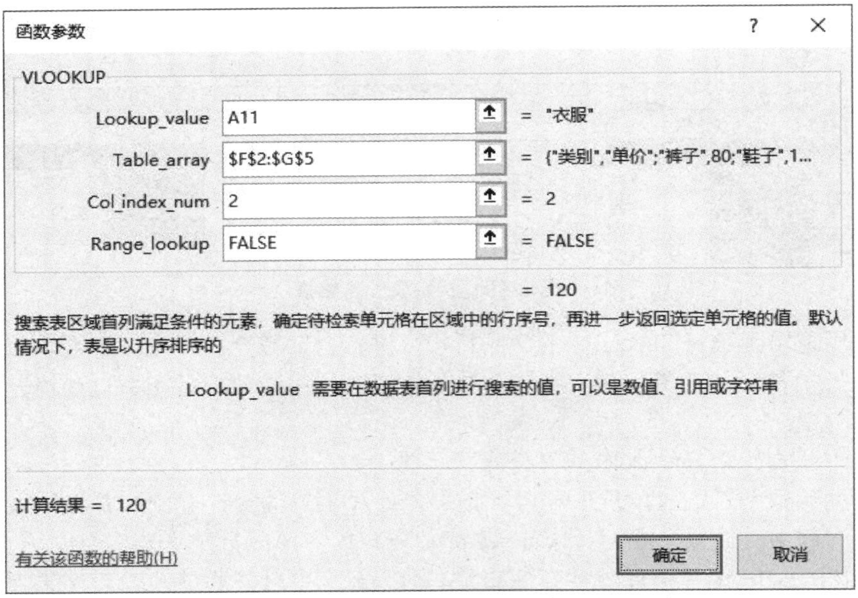

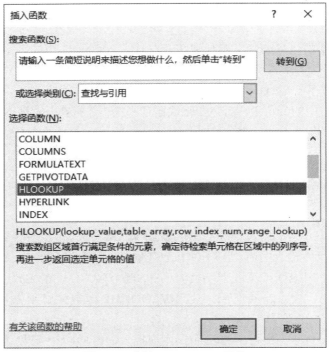

图 3-51　VLOOKUP 函数的"函数参数"对话框

价格表			
类别	衣服	裤子	鞋子
单价	120	80	150

图 3-52　另一种形式的价格表

图 3-53　插入 HLOOKUP 函数

（2）单击 E11 单元格，直接输入公式，或者采用插入嵌套函数的方法输入公式，完整的公式为 "=IF(B11>=$A$6,$B$6,IF(B11>=$A$5,$B$5,IF(B11>=$A$4,$B$4,$B$3)))"，双击 E11 单元格填充柄填充数据。

（3）在 F11 单元格中输入公式 "=B11*D11*(1-E11)"，再双击填充柄填充数据；此处也可以使用数组公式。

（4）计算总采购量。在 J12 单元格中输入公式 "=SUMIF($A$11:$A$43,I12,$B$11:$B$43)"，双击单元格填充柄填充数据。

计算总采购金额。在 K12 单元格中输入公式 "=SUMIF($A$11:$A$43,I12,$F$11:$F$43)"，双击单元格填充柄填充数据。

总采购量和总采购金额的计算结果如图 3-54 所示。

统计表		
统计类别	总采购量	总采购金额
衣服	2800	305424
裤子	2350	172720
鞋子	2195	303240

图 3-54 总采购量和总采购金额的计算结果

【案例 3】房产销售表，如图 3-55 所示。

（1）利用公式计算 Sheet1 中的 "房产销售表" 的 "房价总额"，计算公式为 "房价总额=面积×单价"。

（2）使用数组公式计算 Sheet1 中的 "房产销售表" 的 "契税总额"，计算公式为 "契税总额=契税×房价总额"。

	A	B	C	D	E	F	G	H	I	J	K
1						房产销售表					
2	姓名	联系电话	预定日期	楼号	户型	面积	单价	契税	房价总额	契税总额	销售人员
3	客户1	13557112358	2008-5-12	5-101	两室一厅	125.12	6821	1.50%			人员甲
4	客户2	13557112359	2008-4-15	5-102	三室两厅	158.23	7024	3%			人员丙
5	客户3	13557112360	2008-2-25	5-201	两室一厅	125.12	7125	1.50%			人员甲
6	客户4	13557112361	2008-1-12	5-202	三室两厅	158.23	7257	3%			人员乙
7	客户5	13557112362	2008-4-30	5-301	两室一厅	125.12	7529	1.50%			人员丙
8	客户6	13557112363	2008-10-23	5-302	三室两厅	158.23	7622	3%			人员丙
9	客户7	13557112364	2008-5-6	5-401	两室一厅	125.12	8023	1.50%			人员戊
10	客户8	13557112365	2008-6-17	5-402	三室两厅	158.23	8120	3%			人员戊
11	客户9	13557112366	2008-4-19	5-501	两室一厅	125.12	8621	1.50%			人员乙
12	客户10	13557112367	2008-4-27	5-502	三室两厅	158.23	8710	3%			人员甲
13	客户11	13557112368	2008-2-26	5-601	两室一厅	125.12	8925	1.50%			人员丙
14	客户12	13557112369	2008-7-8	5-602	三室两厅	158.23	9213				人员甲
15	客户13	13557112370	2008-9-25	5-701	两室一厅	125.12	9358	1.50%			人员乙
16	客户14	13557112371	2008-5-4	5-702	三室两厅	158.23	9458	3%			人员甲
17	客户15	13557112372	2008-9-16	5-801	两室一厅	125.12	9624	1.50%			人员乙
18	客户16	13557112373	2008-4-23	5-802	三室两厅	158.23	9810	3%			人员甲
19	客户17	13557112374	2008-5-6	5-901	两室一厅	125.12	9950	1.50%			人员甲
20	客户18	13557112375	2008-10-5	5-902	三室两厅	158.23	10250	3%			人员甲
21	客户19	13557112376	2008-7-26	5-1001	两室一厅	125.12	11235	1.50%			人员戊
22	客户20	13557112377	2008-8-19	5-1002	三室两厅	158.23	12548	3%			人员丁
23	客户21	13557112378	2008-7-23	5-1101	两室一厅	125.12	13658	1.50%			人员甲
24	客户22	13557112379	2008-1-5	5-1102	三室两厅	158.23	13562	3%			人员甲
25	客户23	13557112380	2008-4-6	5-1201	两室一厅	125.12	14521	1.50%			人员丙
26	客户24	13557112381	2008-5-26	5-1202	三室两厅	158.23	15400	3%			人员戊

图 3-55 房产销售表

（3）根据 Sheet1 中的结果，使用 SUMIF 函数统计每个销售人员的 "销售总额"，将结果保存在 Sheet2 的 "销售总额" 列中，如图 3-56 所示。

	A	B	C
1	销售人员	销售总额	排名
2	人员甲		
3	人员乙		
4	人员丙		
5	人员丁		
6	人员戊		

图 3-56　使用 SUMIF 函数统计每个销售人员的"销售总额"

（4）根据 Sheet2 中的"销售总额"，使用 RANK.EQ 函数对每个销售人员的销售情况进行排序，并将结果保存在"排名"列中。若有出现相同的排名，则返回最佳排名。

（5）将 Sheet1 中的"房产销售表"复制到 Sheet3 中，并对 Sheet3 进行高级筛选，并将结果保存在 Sheet3 中。筛选条件如下：

- "户型"为两室一厅；
- "房价总额">1000000。

（6）根据 Sheet1 中的"房产销售表"，创建一张数据透视图，并将其保存在 Sheet4 中。要求如下：

- 显示每个销售人员销售房屋所缴纳契税总额的汇总情况；
- 将 x 坐标设置为"销售人员"；
- 将数据区域设置为"契税总额"；
- 求和项为契税总额；
- 将对应的数据透视表也保存在 Sheet4 中。

【操作提示】

（1）在 I3 单元格中输入公式"=F3*G3"，双击填充柄填充数据。

（2）数组公式为"{=H3:H26*I3:I26}"。

（3）SUMIF 函数的公式为"=SUMIF(Sheet1!$K$3:$K$26,A2,Sheet1!$I$3:$I$26)"。

（4）RANK.EQ 函数的公式为"=RANK.EQ(B2,$B$2:$B$6)"。

销售总额和排名如图 3-57 所示。

	A	B	C
1	销售人员	销售总额	排名
2	人员甲	11090135.91	1
3	人员乙	4601962.47	4
4	人员丙	9454153.84	2
5	人员丁	1985470.04	5
6	人员戊	6131130.56	3

图 3-57　销售总额和排名

（5）筛选结果如图 3-58 所示。

	A	B	C	D	E	F	G	H	I	J	K
1					房产销售表						
2	姓名	联系电话	预定日期	楼号	户型	面积	单价	契税	房价总额	契税总额	销售人员
9	客户7	13557112364	2008-5-6	5-401	两室一厅	125.12	8023	1.50%	1003837.76	15057.57	人员戊
11	客户9	13557112366	2008-4-19	5-501	两室一厅	125.12	8621	1.50%	1078659.52	16179.89	人员乙
13	客户11	13557112368	2008-2-26	5-601	两室一厅	125.12	8925	1.50%	1116696.00	16750.44	人员丙
15	客户13	13557112370	2008-9-25	5-701	两室一厅	125.12	9358	1.50%	1170872.96	17563.09	人员丙
17	客户15	13557112372	2008-9-16	5-801	两室一厅	125.12	9624	1.50%	1204154.88	18062.32	人员乙
19	客户17	13557112374	2008-5-6	5-901	两室一厅	125.12	9950	1.50%	1244944.00	18674.16	人员甲
21	客户19	13557112376	2008-7-26	5-1001	两室一厅	125.12	11235	1.50%	1405723.20	21085.85	人员戊
23	客户21	13557112378	2008-7-23	5-1101	两室一厅	125.12	13658	1.50%	1708888.96	25633.33	人员丙
25	客户23	13557112380	2008-4-6	5-1201	两室一厅	125.12	14521	1.50%	1816867.52	27253.01	人员丙

图 3-58　筛选结果（案例 3）

（6）数据透视图如图 3-59 所示，数据透视表如图 3-60 所示。

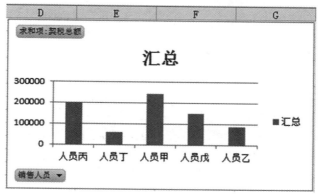

图 3-59　数据透视图（案例 3）

图 3-60　数据透视表（案例 3）

【案例 4】三科成绩表，如图 3-61 所示。

（1）在 Sheet1 的"三科成绩表"中，使用数组公式计算总分和平均分，并将计算结果保存在"总分"列和"平均分"列中。

（2）根据 Sheet1 中的"总分"，使用 RANK.EQ 函数对每个学生的排名情况进行统计，并将排名结果保存在"排名"列中。若有出现相同的排名，则返回最佳排名。

	学号	姓名	语文	数学	英语	总分	平均	排名	优等生
1									
2	20041001	毛一	75	85	80				
3	20041002	杨二	68	75	64				
4	20041003	陈三	58	69	75				
5	20041004	陆四	94	90	91				
6	20041005	闻五	84	87	88				
7	20041006	曹六	72	68	85				
8	20041007	彭七	85	71	76				
9	20041008	傅八	88	80	75				

图 3-61　三科成绩表

（3）使用逻辑函数判断 Sheet1 中的每个学生的每门课程的分数是否高于全班单科的平均分，如果该课程的分数高于全班单科的平均分，则结果为 TRUE，否则，结果为 FALSE，并将结果保存在"优等生"列中。

（4）根据 Sheet1 中的结果，使用统计函数统计"数学"成绩的各分数段的人数，并将统计结果保存在 Sheet2 的"统计结果"列中，如图 3-62 所示。

	A	B
1	统计情况	统计结果
2	数学分数大于等于 0，小于 20 的人数：	
3	数学分数大于等于 20，小于 40 的人数：	
4	数学分数大于等于 40，小于 60 的人数：	
5	数学分数大于等于 60，小于 80 的人数：	
6	数学分数大于等于 80，小于等于 100 的人数：	

图 3-62　使用统计函数统计"数学"成绩的各分数段的人数

（5）将 Sheet1 中的"三科成绩表"复制到 Sheet3 中，对 Sheet3 中的表格进行高级筛选，并将结果保存在 Sheet3 中，筛选条件如下：

- "语文"大于等于 75 分；
- "数学"大于等于 75 分；
- "英语"大于等于 75 分；
- "总分"大于等于 250 分。

（6）根据 Sheet1 中的"三科成绩表"，在 Sheet4 中创建一张数据透视表，要求如下：

- 显示是否为优等生的学生人数汇总情况；
- 将行区域设置为"优等生"；
- 将数据区域设置为"优等生"；
- 计数项为"优等生"。

【操作提示】

（1）使用数组公式计算总分，公式为"{=C2:C39+D2:D39+E2:E39}"。使用数组公式计算平均分，公式为"{=F2:F39/3}"。

（2）RANK.EQ 函数的公式为"=RANK.EQ(F2,$F$2:$F$39)"。

（3）使用逻辑函数判断每个学生的每门课程的分数是否高于全班单科的平均分，公式为"=AND(C2>AVERAGE($C$2:$C$39),D2>AVERAGE($D$2:$D$39),E2>AVERAGE($E$2:$E$39))"。

（4）统计"数学"成绩的各分数段的人数。B2 单元格～B6 单元格中的公式分别如下：

"=COUNTIF(Sheet1!$D$2:$D$39,"<20")"；

"=COUNTIF(Sheet1!$D$2:$D$39,"<40")-B2"；

"=COUNTIF(Sheet1!$D$2:$D$39,"<60")-B2-B3"；

"=COUNTIF(Sheet1!$D$2:$D$39,"<80")-B2-B3-B4"；

"=COUNTIF(Sheet1!$D$2:$D$39,"<=100")-COUNTIF(Sheet1!$D$2:$D$39,"<80")"。

各分数段的统计结果如图 3-63 所示。

	A	B
1	统计情况	统计结果
2	数学分数大于等于0，小于20的人数：	0
3	数学分数大于等于20，小于40的人数：	0
4	数学分数大于等于40，小于60的人数：	2
5	数学分数大于等于60，小于80的人数：	15
6	数学分数大于等于80，小于等于100的人数：	21

图 3-63　各分数段的统计结果

（5）筛选结果如图 3-64 所示。

	A	B	C	D	E	F	G	H	I
1	学号	姓名	语文	数学	英语	总分	平均	排名	优等生
5	20041004	陆四	94	90	91	275	91.67	1	TRUE
6	20041005	闻五	84	87	88	259	86.33	5	TRUE
11	20041010	周十	94	87	82	263	87.67	4	TRUE
13	20041012	吕十二	81	83	87	251	83.67	10	TRUE
19	20041018	程十八	94	89	91	274	91.33	2	TRUE
20	20041019	黄十九	82	87	88	257	85.67	7	TRUE
27	20041026	万二六	81	83	89	253	84.33	9	TRUE
33	20041032	赵三二	94	90	88	272	90.67	3	TRUE
34	20041033	罗三三	84	87	83	254	84.67	8	TRUE
39	20041038	张三八	94	82	82	258	86.00	6	TRUE

图 3-64　筛选结果（案例 4）

（6）数据透视表如图 3-65 所示。

	A	B
1	行标签 ▾	计数项:优等生
2	FALSE	27
3	TRUE	11
4	总计	38

图 3-65　数据透视表（案例 4）

【案例 5】停车情况记录表，如图 3-66 所示。

	A	B	C	D	E	F	G
7				停车情况记录表			
8	车牌号	车型	单价	入库时间	出库时间	停放时间	应付金额
9	浙A12345	小汽车		8:12:25	11:15:35		
10	浙A32581	大客车		8:34:12	9:32:45		
11	浙A21584	中客车		9:00:36	15:06:14		
12	浙A66871	小汽车		9:30:49	15:13:48		
13	浙A51271	中客车		9:49:23	10:16:25		
14	浙A54844	大客车		10:32:58	12:45:23		
15	浙A56894	小汽车		10:56:23	11:15:11		
16	浙A33221	中客车		11:03:00	13:25:45		
17	浙A68721	小汽车		11:37:26	14:19:20		
18	浙A33547	大客车		12:25:39	14:54:33		

图 3-66　停车情况记录表

（1）使用 HLOOKUP 函数对 Sheet1 的"停车情况记录表"中的"单价"列进行自动填充。要求如下：

● 根据 Sheet1 的"停车价目表"中不同车型的单价（见图 3-67），利用 HLOOKUP 函数对"停车情况记录表"中的"单价"列进行自动填充。

注意：请使用绝对地址进行计算，否则会出错。

	A	B	C
1	停车价目表		
2	小汽车	中客车	大客车
3	5	8	10

图 3-67　停车价目表

（2）在 Sheet1 中，使用数组公式计算汽车的停放时间，要求如下：

● 计算公式为"停放时间=出库时间－入库时间"；

● 格式为"小时:分钟:秒"。例如，1 小时 15 分 12 秒可表示为"1:15:12"。

（3）使用函数计算汽车停车"应付金额"，要求如下：

● 根据停放时间计算汽车停车"应付金额"，并将计算结果填入"应付金额"列中。

注意：

● 停车时间按小时计时收费，对于不满 1 小时的按 1 小时计费；

● 停车时间超过整数倍的小时后，不足 15 分钟的部分不计算，超过 15 分钟后，停车时间按增加 1 小时计算。例如，1 小时 23 分，将以 2 小时计算。

（4）使用统计函数对 Sheet1 中的"停车情况记录表"进行统计，并将统计结果填入"统计情况表"中，如图 3-68 所示，要求如下：

● 统计汽车停车"应付金额"大于等于 40 元的记录的数量；

● 统计汽车停车"应付金额"的最高值。

	I	J
7	统计情况	统计结果
8	停车费用大于等于40元的停车记录条数：	
9	最高的停车费用：	

图 3-68　统计情况表

（5）将 Sheet1 中的"停车情况记录表"复制到 Sheet2 中，对 Sheet2 中的表格进行高级筛选，并将结果保存在 Sheet2 中，筛选条件如下：

● "车型"为"小汽车"；
● "应付金额"大于等于 30 元。

（6）根据 Sheet1 中的"停车情况记录表"创建数据透视图，并将其保存在 Sheet3 中，要求如下：

● 显示各种车型停车"应付金额"的汇总情况；
● 将 x 坐标设置为"车型"；
● 求和项为"应付金额"；
● 将对应的数据透视表保存在 Sheet3 中。

【操作提示】

（1）HLOOKUP 函数的公式为"=HLOOKUP(B9,$A$2:$C$3,2,FALSE)"。

（2）使用数组公式计算汽车的停放时间，公式为"{=E9:E39-D9:D39}"。

（3）计算汽车停车"应付金额"，公式如下：

"=IF(HOUR(F9)<1,1,IF(MINUTE(F9)<15,HOUR(F9),HOUR(F9)+1))*C9"。

（4）统计汽车停车"应付金额"大于等于 40 元的记录的数量，公式为"=COUNTIF(G9: G39,">=40")"。统计汽车停车"应付金额"的最高值，公式为"=MAX(G9:G39)"。

（5）筛选结果如图 3-69 所示。

	A	B	C	D	E	F	G
1	停车情况记录表						
2	车牌号	车型	单价	入库时间	出库时间	停放时间	应付金额
6	浙A66871	小汽车	5	09:30:49	15:13:48	05:42:59	30
19	浙A56587	小汽车	5	15:35:42	21:36:14	06:00:32	30

图 3-69　筛选结果（案例 5）

（6）数据透视图如图 3-70 所示，数据透视表如图 3-71 所示。

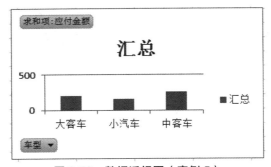

图 3-70　数据透视图（案例 5）

	A	B
1	行标签 ▼	求和项:应付金额
2	大客车	200
3	小汽车	155
4	中客车	264
5	总计	619

图 3-71　数据透视表（案例 5）

【案例6】通信费年度计划表，如图 3-72 所示。

	预算总金额（元）：			金额（大写）：					
	A	B	C	D	E	F	G	H	I
1	通信费年度计划表								
2	预算总金额（元）：			金额（大写）：					
3	员工编号	姓名	岗位类别	岗位标准	起始时间	截止时间	预计报销总时间	年度费用	报销地点
4	A001	蒋一	副经理		2004年6月	2005年6月			上海
5	A002	刘二	业务总监		2004年7月	2005年5月			北京
6	A003	马三	销售部		2004年6月	2005年5月			长沙
7	A004	张四	服务部		2004年8月	2005年7月			北京
8	A005	许五	商品生产		2004年4月	2005年1月			深圳
9	A006	陈六	技术研发		2004年6月	2005年9月			武汉
10	A007	侯七	总经理		2004年5月	2005年4月			青岛
11	A008	虞八	采购部		2004年9月	2005年3月			上海
12	A009	刘九	技术研发		2004年4月	2005年3月			北京

图 3-72 通信费年度计划表（部分）

（1）在 Sheet1 中，使用条件格式将"岗位类别"列中的数据按以下要求显示：
- "岗位类别"为"副经理"的单元格，设置其文字的颜色为红色，并加粗显示；
- "岗位类别"为"服务部"的单元格，设置其文字的颜色为蓝色，并加粗显示。

（2）根据 Sheet1 中的"岗位最高限额明细表"（见图 3-73），使用 VLOOKUP 函数填充"通信费年度计划表"中的"岗位标准"列。

（3）使用 INT 函数计算 Sheet1 中的"通信费年度计划表"的"预计报销总时间"列，要求如下。
- 每月以 30 天计算；
- 将结果填充在"预计报销总时间"列中。

	K	L
3	岗位最高限额明细表	
4	岗位	最高限额（元）
5	副经理	1500
6	采购部	1000
7	销售部	2000
8	商品生产	600
9	技术研发	200
10	服务部	1800
11	业务总监	1200
12	总经理	2500

图 3-73 岗位最高限额明细表

（4）使用数组公式计算 Sheet1 中的"通信费年度计划表"的"年度费用"列。计算公式为"年度费用=岗位标准×预计报销总时间"。

（5）根据 Sheet1 中的"通信费年度计划表"的"年度费用"列，计算"预算总金额"。要求如下：
- 使用 SUM 函数进行计算，并将结果保存在 Sheet1 的 C2 单元格中；
- 将 C2 单元格中的金额转换为中文大写形式，并保存在 Sheet1 的 F2 单元格中。

（6）将 Sheet1 中的"通信费年度计划表"复制到 Sheet2 中，对 Sheet2 中的表格进行自动筛选，并将筛选结果保存在 Sheet2 中，筛选条件如下：

- "岗位类别"为"技术研发"；
- "报销地点"为"武汉"。

（7）根据 Sheet1 中的"通信费年度计划表"，在 Sheet3 中新建一张数据透视表，要求如下：

- 显示不同报销地点不同岗位的年度费用情况；
- 将行区域设置为"报销地点"；
- 将列区域设置为"岗位类别"；
- 将数据区域设置为"年度费用"；
- 求和项为年度费用。

【操作提示】

（1）参照本章的其他案例。

（2）VLOOKUP 函数的公式为"=VLOOKUP(C4,$K$5:$L$12,2,FALSE)"。

（3）INT 函数的公式为"=INT((F4-E4)/30)"。

（4）数组公式为"{=D4:D26*G4:G26}"。

（5）选中 Sheet1 的 C2 单元格，输入公式"=SUM(H4:H26)"；选中 Sheet1 的 F2 单元格，输入公式"=C2"，设置 F2 单元格的格式，在"设置单元格格式"对话框中，单击"数字"选项卡，在"分类"列表中选择"特殊"选项，在"类型"列表中选择"中文大写数字"选项，如图 3-74 所示。

图 3-74　设置 F2 单元格的格式

预算总金额如图 3-75 所示。

通信费年度计划表								
预算总金额（元）：		286300	金额（大写）：			贰拾捌万陆仟叁佰		
员工编号	姓名	岗位类别	岗位标准	起始时间	截止时间	预计报销总时间	年度费用	报销地点

图 3-75　预算总金额

（6）将 Sheet1 中的"通信费年度计划表"复制到 Sheet2 中，粘贴时选择"值"选项，并对标题和表头的格式进行适当设置；或者复制标题和表头后，再复制数据部分，粘贴数据部分时选择"值"选项。

选中第三行表头，执行"数据"→"筛选"选项，在相应字段的下拉列表中设置筛选条件，完成自动筛选，如图 3-76 所示。

员工编号	姓名	岗位类别	岗位标准	起始时间	截止时间	预计报销总时间	年度费用	报销地点
A006	陈六	技术研发	200	2004年6月	2005年9月	16	3200	武汉
A017	任十七	技术研发	200	2004年12月	2005年9月	10	2000	武汉
A022	李二二	技术研发	200	2004年6月	2005年1月	8	1600	武汉

（上方标题行："通信费年度计划表"；"预算总金额（元）：286300"；"金额（大写）："；"贰拾捌万陆仟叁佰"）

图 3-76 自动筛选

（7）数据透视表如图 3-77 所示。

求和项:年度费用 岗位类别								
报销地点	采购部	服务部	副经理	技术研发	商品生产	销售部	业务总监	总经理	总计
北京	9000	48600		2200			13200		73000
长沙		23400				24000			47400
杭州	18000		15000						33000
青岛							10800	47500	58300
上海	7000		19500	1400					27900
深圳			16500		6000				22500
武汉		10800		6800	6600				24200
总计	34000	82800	51000	10400	12600	24000	24000	47500	286300

图 3-77 数据透视表

【案例 7】温度情况表，如表 3-78 所示。

说明：表格中温度的单位为摄氏度（℃）。

日期	杭州平均气温	上海平均气温	温度较高的城市	相差温度值
1	20	18		
2	18	19		
3	19	17		
4	21	18		
5	19	20		
6	22	21		
7	19	18		
8	20	19		
9	21	20		
10	18	19		
11	21	20		
12	22	20		
13	23	22		
14	24	25		
15	25	21		
杭州最高气温：				
杭州最低气温：				
上海最高气温：				
上海最低气温：				

（标题："温度情况表"）

图 3-78 温度情况表

（1）使用 IF 函数对 Sheet1 中的"温度情况表"的"温度较高的城市"列进行自动填充，填充结果为城市名称。

（2）使用数组公式对 Sheet1 中的"温度情况表"的"相差温度值"（杭州相对于上海的温差）列进行填充。计算公式为"相差温度值=杭州平均气温−上海平均气温"。

（3）根据 Sheet1 中的结果，使用函数对符合以下条件的记录进行统计：

● 杭州在半个月中的最高温度和最低温度；

● 上海在半个月中的最高温度和最低温度。

（4）将 Sheet1 中的"温度情况表"复制到 Sheet2 中，并在 Sheet2 的表格中重新编辑数组公式，将 Sheet2 的"相差温度值"列中的数值取其绝对值（均为正数）。

（5）将 Sheet2 中的"温度情况表"复制到 Sheet3 中，并对 Sheet3 中的表格进行高级筛选，筛选条件如下：

● "杭州平均气温"大于等于 20℃。

● "上海平均气温"小于 20℃。

（6）根据 Sheet1 中"温度情况表"，在 Sheet4 中创建一张数据透视表，要求如下：

● 显示温度较高的天数汇总情况；

● 将行区域设置为"温度较高的城市"；

● 将数据区域设置为"温度较高的城市"；

● 计数项为"温度较高的城市"。

【操作提示】

（1）IF 函数的公式为"=IF(B3>C3,"杭州","上海")"。

（2）数组公式为"{=B3:B17-C3:C17}"。

（3）统计杭州在半个月中的最高温度和最低温度，公式分别为"=MAX(B3:B17)"和"=MIN(B3:B17)"；统计上海在半个月中的最高温度和最低温度，公式分别为"=MAX(C3:C17)"和"=MIN(C3:C17)"。

（4）取其绝对值的公式为"{=ABS(B3:B17-C3:C17)}"。

（5）筛选结果如图 3-79 所示。

	A	B	C	D	E
1			温度情况表		
2	日期	杭州平均气温	上海平均气温	温度较高的城市	相差温度值
3	1	20	18	杭州	2
6	4	21	18	杭州	3
10	8	20	19	杭州	1

图 3-79　筛选结果（案例 7）

（6）数据透视表如图 3-80 所示。

	A	B
1	行标签 ▼	计数项:温度较高的城市
2	杭州	11
3	上海	4
4	总计	15

图 3-80　数据透视表（案例 7）

【案例 8】员工信息表，如图 3-81 所示。

	A	B	C	D	E	F	G	H	I	J	K
1							员工信息表				
2	员工姓名	员工代码	升级员工代码	性别	出生年月	年龄	参加工作时间	工龄	职称	岗位级别	是否有资格评选高级工程师
3	毛一	PA103		女	1977年12月		1995年8月		技术员	2级	
4	杨二	PA125		女	1978年2月		2000年8月		助工	5级	
5	陈三	PA128		男	1963年11月		1987年11月		助工	5级	
6	陆四	PA212		女	1976年7月		1997年8月		助工	5级	
7	闻五	PA216		男	1963年12月		1987年12月		高级工程师	8级	
8	曹六	PA313		男	1982年10月		2006年5月		技术员	1级	
9	彭七	PA325		女	1960年3月		1983年3月		高级工	5级	
10	傅八	PA326		女	1969年1月		1987年1月		技术员	3级	
11	钟九	PA327		男	1956年8月		1980年12月		技工	3级	
12	周十	PA329		女	1970年4月		1992年4月		助工	5级	

图 3-81　员工信息表

（1）使用 REPLACE 函数对 Sheet1 中的"员工信息表"的员工代码进行升级，要求如下：

- 升级方式为在 PA 后面增加"0"，例如，PA125 修改为 PA0125；
- 将升级后的员工代码填入"员工信息表"的"升级员工代码"列中。

（2）使用时间函数对 Sheet1 中的"员工信息表"的"年龄"和"工龄"进行计算，并将结果填入"年龄"列和"工龄"列中。假设当前时间为"2013-5-1"。

（3）使用统计函数对 Sheet1 中的"员工信息表"的数据进行统计，并将统计结果填入 Sheet1 的相应单元格中（见图 3-82），统计要求如下：

- 统计男性员工的人数，将结果填入 N3 单元格中；
- 统计高级工程师的人数，将结果填入 N4 单元格中；
- 统计工龄大于等于 10 年的人数，将结果填入 N5 单元格中。

	M	N
2	统计条件	统计结果
3	男性员工人数：	
4	高级工程师人数：	
5	工龄大于等于10年的人数：	

图 3-82　填写统计结果

（4）使用逻辑函数，判断员工是否有资格参评"高级工程师"。评选条件为员工的工龄大于 20 年，且为职称为工程师；如果该员工有资格参评，则结果为 True，否则为 False。

（5）将 Sheet1 中的"员工信息表"复制到 Sheet2 中，对 Sheet2 中的表格进行高级筛选，并将结果保存在 Sheet2 中，筛选条件如下：

- "性别"为"男"；
- "年龄"大于 30 岁；
- "工龄"大于等于 10 年；
- "职称"为"助工"。

（6）根据 Sheet1 中的数据创建数据透视图，并将其保存在 Sheet3 中，要求如下：

- 显示各种职称的人数汇总情况；
- 设置 x 坐标设置为"职称"；
- 计数项为职称；
- 将对应的数据透视表保存在 Sheet3 中。

【操作提示】

（1）REPLACE 函数的公式为"=REPLACE(B3,3,0,0)"。

（2）年龄的计算公式为"=2013-YEAR(E3)"，工龄的计算公式为"=2013-YEAR(G3)"。在"设置单元格格式"对话框中，设置"分类"为"数值"，"小数位数"为"0"，双击填充柄填充数据。

（3）统计男性员工的人数，公式为"=COUNTIF(D3:D66,"男")"；统计高级工程师的人数，公式为"=COUNTIF(I3:I667,"高级工程师")"；统计工龄大于等于 10 年的人数，公式为"=COUNTIF(H3:H66,">=10")"。

（4）逻辑函数的公式为"=AND(H3>20,I3="工程师")"。

（5）筛选结果如图 3-83 所示。

	A	B	C	D	E	F	G	H	I	J	K
1						员工信息表					
2	员工姓名	员工代码	升级员工代码	性别	出生年月	年龄	参加工作时间	工龄	职称	岗位级别	是否有资格评选高级工程师
5	陈三	PA128	PA0128	男	1963年11月	50	1987年11月	26	助工	5级	FALSE
17	刘十五	PA405	PA0405	男	1979年3月	34	2000年8月	13	助工	5级	FALSE
20	程十八	PA602	PA0602	男	1974年1月	39	1992年8月	21	助工	5级	FALSE
36	张三四	PA225	PA0225	男	1964年12月	49	1988年8月	25	助工	5级	FALSE
41	董三九	PA306	PA0306	男	1973年1月	40	1991年8月	22	助工	5级	FALSE
45	蔡一一	PA725	PA0725	男	1969年9月	44	1992年9月	21	助工	5级	FALSE
47	孙三	PA803	PA0803	男	1970年1月	43	1992年9月	21	助工	5级	FALSE
55	成三	PA829	PA0829	男	1968年4月	45	1988年4月	25	助工	4级	FALSE
64	陈九八	PA922	PA0922	男	1976年7月	37	1997年8月	16	助工	4级	FALSE

图 3-83   筛选结果（案例 8）

（6）数据透视图如图 3-84 所示，数据透视表如图 3-85 所示。

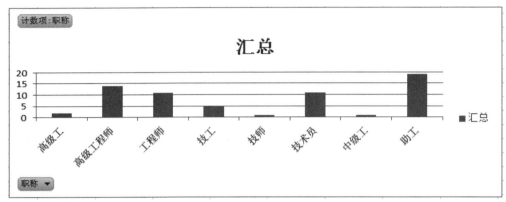

图 3-84   数据透视图（案例 8）

	A	B
1	行标签	计数项：职称
2	高级工	2
3	高级工程师	14
4	工程师	11
5	技工	5
6	技师	1
7	技术员	11
8	中级工	1
9	助工	19
10	总计	64

图 3-85   数据透视表（案例 8）

【案例 9】学生成绩表，如图 3-86 所示。

	A	B	C	D	E	F	G	H	I	J
1						学生成绩表				
2	学号	姓名	级别	单选题	判断题	Windows操作题	Excel操作题题	PowerPoint操作题	IE操作题	总分
3	085200711030041	王一		2	8	20	12	15	15	
4	085200821023080	张二		4	6	9	8	18	17	
5	085200811024034	林三		2	5	11	12	16	5	
6	085200821024035	胡四		8	9	20	20	19	17	
7	085200811024040	吴五		8	2	9	20	17	13	
8	085200831024044	章六		4	4	15	20	11	10	
9	085200811024053	陆七		4	6	7	16	13	6	
10	085200831024054	苏八		1	5	13	8	11	1	

图 3-86   学生成绩表（部分）

（1）在 Sheet1 的"学生成绩表"中，使用数组公式计算考试总分，并将结果填入"总分"列中。计算公式为"总分=单选题+判断题+Windows 操作题+Excel 操作题+PowerPoint 操作题+IE

操作题"。

（2）根据 Sheet1 的"学生成绩表"的"学号"列中的数据，使用文本函数标识考生所考的级别，并将结果填入"级别"列中，要求如下：

● 学号中的第八位表示考生所考的级别。例如，"085200821023080"中的"2"表示该考生所考的级别为二级；

● 在"级别"列中，填入的数据是函数的返回值。

（3）使用统计函数，根据如图 3-87 所示的要求对 Sheet1 中的"学生成绩表"的数据进行统计，并将结果填入相应的单元格中。

	L	M	N
1	统计表		
2	考1级的考生人数：		
3	考试通过人数（>=60）：		
4	全体1级考生的考试平均分：		

图 3-87　统计表

【操作提示】

（1）数组公式为"{=D3:D57+E3:E57+F3:F57+G3:G57+H3:H57+I3:I57}"。

（2）文本函数 MID 的公式为"=MID(A3,8,1)"。

"学生成绩表"的结果如图 3-88 所示。

	A	B	C	D	E	F	G	H	I	J
1	学生成绩表									
2	学号	姓名	级别	单选题	判断题	windows操作题	Excel操作题	PowerPoint操作题	IE操作题	总分
3	085200711030041	王一	1	2	8	20	12	15	15	72
4	085200821023080	张二	2	4	6	9	8	18	17	62
5	085200811024034	林三	1	2	5	11	12	16	5	51
6	085200821024035	胡四	2	8	9	20	20	19	17	93
7	085200811024040	吴五	1	8	2	9	20	17	13	69
8	085200831024044	章六	3	4	4	15	20	11	10	64
9	085200811024053	陆七	1	4	6	7	16	13	6	52
10	085200831024054	苏八	3	1	5	13	8	11	1	39

图 3-88　"学生成绩表"的结果（部分）

（3）统计函数的三个公式分别为"=COUNTIF(C3:C57,1)"、"=COUNTIF(J3:J57,">=60")"和"=AVERAGEIF(C3:C57,1,J3:J57)"。

统计结果如图 3-89 所示。

L	M	N
统计表		
考1级的考生人数：		34
考试通过人数（>=60）：		44
全体1级考生的考试平均分：		65.24

图 3-89　统计结果（案例 9）

【案例 10】投资情况表 1 和投资情况表 2，如图 3-90 所示。固定资产情况表和计算折旧值情况表，如图 3-91 所示。

（1）使用财务函数，根据如图 3-90 所示的要求在 Sheet1 中计算"10 年以后得到的金额"与"预计投资金额"，并将结果填入相应的单元格中。

	A	B	C	D	E
1	投资情况表1			投资情况表2	
2	先投资金额：	−1000000		每年投资金额：	−1500000
3	年利率：	5%		年利率：	10%
4	每年再投资金额：	−10000		年限：	20
5	再投资年限：	10			
6					
7	10年以后得到的金额：			预计投资金额：	

图 3-90　投资情况表

（2）使用财务函数，根据如图 3-91 所示的要求在 Sheet1 的"计算折旧值情况表"中计算不同的折旧值，并将结果填入相应的单元格中。

	A	B	C	D	E
12	固定资产情况表			计算折旧值情况表	
13	固定资产金额：	200000		第一天折旧值：	
14	资产残值：	10000		第一月折旧值：	
15	使用年限：	15		第一年折旧值：	

图 3-91　计算固定资产折旧值

【操作提示】

（1）两个财务函数 FV。

①财务函数 FV。

格式：FV(rate,nper,pmt,pv,type)。

函数功能：基于固定利率和等额分期付款方式，返回某项投资的未来值，公式为"=FV(B3,B5,B4,B2,0)"。

②财务函数 PV。

格式：PV(rate,nper,pmt,fv,type)。

函数功能：返回某项投资的一系列将来偿还额的当前总值（或一次性偿还额的现值），公式为"=PV(E3,E4,E2,0)"。

计算结果如图 3-92 所示。

	A	B	C	D	E
1	投资情况表1			投资情况表2	
2	先投资金额：	−1000000		每年投资金额：	−1500000
3	年利率：	5%		年利率：	10%
4	每年再投资金额：	−10000		年限：	20
5	再投资年限：	10			
6					
7	10年以后得到的金额：	¥1,754,673.55		预计投资金额：	¥12,770,345.58

图 3-92　计算结果（一）

（2）财务函数 DB：采用固定余额递减法，计算在指定期间内某项固定资产的折旧值。DB 函数的一般公式为"DB(cost,salvage,life,period,month)"，其中 cost 表示资产原值；salvage 表示资产在折旧期末的价值（也被称为资产残值）；life 表示折旧期限（有时也被称为资产的使用寿命）；period 表示需要计算折旧值的周期，period 的单位必须与 life 的单位相同；month 表示第一年的月份数，如省略，则假设为 12。

● 计算第一天折旧值，公式为"=DB(B13,B14,B15*365,1)"。

- 计算第一月折旧值，公式为"=DB(B13,B14,B15*12,1)"。
- 计算第一年折旧值，公式为"=DB(B13,B14,B15,1)"。

计算结果如图 3-93 所示。

	A	B	C	D	E
12	固定资产情况表			计算折旧值情况表	
13	固定资产金额:	200000		第一天折旧值:	¥200.00
14	资产残值:	10000		第一月折旧值:	¥3,400.00
15	使用年限:	15		第一年折旧值:	¥36,200.00

图 3-93　计算结果（二）

常用的财务函数还有 IPMT、PMT、SLN 等。

IPMT：返回在定期偿还、固定利率条件下给定期次内某项投资回报（或贷款偿还）的利息部分，格式为"IPMT(rate,per,nper,pv,fv,type)"。例如，某人向银行贷款 100000 元买车，采用等额还款方式，年限为 8 年，贷款年利率为 5.94%，求第一个月（月末）的贷款利息金额，公式为"IPMT(5.94%/12,1,8*12,100000,0,0)"。

PMT：计算在固定利率下，贷款的等额分期偿还额，格式为"PMT(rate,nper,pv,fv,type)"。例如，求贷款年利率为 5.94%、贷款年限为 8 年、贷款额为 100000，每年年初的应还款额。公式为"PMT(5.94%,8,100000,0,1）"。

SLN：返回固定资产的每期线性折旧费，格式为"SLN（cost,salvage,life）"。例如，某店铺拥有固定资产总值 50000 元，使用 10 年后的资产残值估计为 8000 元，求每天固定资产的折旧值，公式为"SLN(50000,8000,10*365)"。

第 4 章　PowerPoint 2019

本章介绍 PowerPoint 2019 的应用案例，内容包括制作幻灯片、设置幻灯片主题、设置动画、幻灯片切换和幻灯片放映等。

4.1　知识点概述

1．制作幻灯片

（1）版式。版式是指幻灯片内容的排列方式和布局，常用的版式包括标题幻灯片、标题和内容等，如图 4-1 所示。新建幻灯片时可以为每一张幻灯片指定合适的版式。

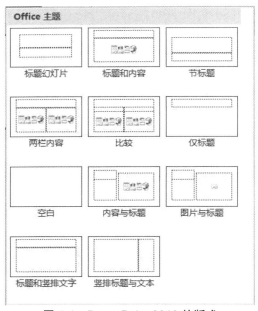

图 4-1　PowerPoint 2019 的版式

幻灯片上要显示的内容主要通过占位符来排列和布局，占位符是版式中的容器，可容纳的内容有文本（包括正文文本、项目符号列表和标题）、表格、图表、SmartArt 图形、音频文件、视频文件、图片及剪贴画等。版式设计是幻灯片制作过程中的重要环节。

（2）编辑文本。可选择在占位符、文本框或自选图形内输入文本。

（3）编辑图形元素。例如，插入图片、艺术字、SmartArt 图形、表格、图表等。

（4）插入多媒体元素。例如，插入音频文件和视频文件等。

2. 设置幻灯片主题

幻灯片主题是主题颜色、主题字体和主题效果三者的结合。PowerPoint 提供了多种幻灯片主题，如图 4-2 所示。幻灯片主题可应用于所有幻灯片或所选幻灯片。幻灯片主题中的配色、背景、字体样式、占位符位置等已按照固定格式进行了预先搭配。使用软件内置的幻灯片主题，可以快速更改幻灯片的整体外观。

图 4-2　幻灯片主题

3. 设置动画

对幻灯片中的文本、图片或其他对象可以设置丰富多彩的动画效果，"动画"选项卡的功能组如图 4-3 所示。

图 4-3　"动画"选项卡的功能组

PowerPoint 的提供的动画效果包括"进入"、"强调"和"退出"。

- "进入"表示使文本或对象以某种动画效果进入幻灯片。
- "强调"表示文本或对象进入幻灯片后为其增加某种突出作用的动画效果。
- "退出"表示使文本或对象以某种动画效果在某个时刻离开幻灯片。

为对象添加动画效果之后，可进一步设置开始动画的触发条件及其他选项。开始动画的触发条件有以下 3 种。

- "单击时"：在幻灯片上单击时，当前对象开始播放动画。
- "与上一动画同时"：上一对象的动画开始播放的同时，当前对象开始播放动画。
- "上一动画之后"：上一对象的动画播放结束后，当前对象才开始播放动画。

4. 幻灯片切换

幻灯片切换是指在演示幻灯片期间，幻灯片进入和离开屏幕时产生的视觉效果，俗称换片方式。PowerPoint 允许控制切换效果的速度、声音，此外，用户还可以对切换效果的属性进行自定义设置。幻灯片切换可应用于所有幻灯片或所选幻灯片。"切换"选项卡的功能组如图 4-4 所示。

图 4-4　"切换"选项卡的功能组

5. 幻灯片放映

PowerPoint 提供了 4 种幻灯片放映的方式：从头开始、从当前幻灯片开始、联机演示、自定义幻灯片放映，"幻灯片放映"选项卡的功能组如图 4-5 所示。

图 4-5　"幻灯片放映"选项卡的功能组

在幻灯片放映之前，还可以在"设置放映方式"对话框中进行设置，如设置放映类型、指定放映范围（放映幻灯片区域）、设置放映选项和设置换片方式（推进幻灯片区域）等。在"幻灯片放映"选项卡的"设置"功能组中单击"设置幻灯片放映"按钮，打开"设置放映方式"对话框，如图 4-6 所示。

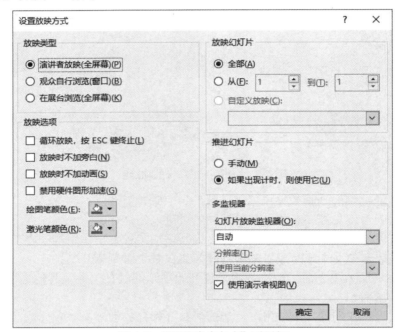

图 4-6　"设置放映方式"对话框

4.2　PowerPoint 基本操作

【案例】熟悉 PowerPoint 的基本操作。

打开已有的幻灯片（第一张～第五张），如图 4-7 所示，要求如下。

（1）设置幻灯片主题为"丝状"；

（2）给幻灯片插入日期（使用自动更新功能，格式为 ×年 ×月×日）。

（3）设置幻灯片的动画效果。在第二张幻灯片中，按顺序设置以下自定义动画效果：

● 将文本内容"起源"的进入效果设置成"自顶部，飞入"；

● 将文本内容"沿革"的强调效果设置成"彩色脉冲"；

● 将文本内容"发展"的退出效果设置成"淡化"。

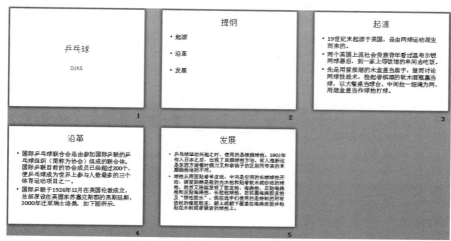

图 4-7 幻灯片（第一张～第五张）

- 在页面中添加"后退"（后退或前一项）与"前进"（前进或下一项）的动作按钮

（4）按以下要求设置幻灯片的切换效果：

- 设置所有幻灯片的切换效果为"自左侧，推入"；
- 每隔 3 秒自动切换幻灯片，也可以使用鼠标进行手动切换。

【操作提示】

（1）单击"设计"选项卡，在"主题"功能组中选择"丝状"主题，软件默认将该主题应用于所有幻灯片，如图 4-8 所示。

图 4-8 选择"丝状"主题

（2）执行"插入"→"文本"→"日期和时间"菜单命令（执行该命令前，确认光标不要位于任何占位符内），打开"页眉和页脚"对话框，勾选"日期和时间"复选框，并选中"自动更新"单选钮，选择一种日期和时间格式，如图 4-9 所示，单击"全部应用"按钮。

图 4-9 "页眉和页脚"对话框

（3）单击第二张幻灯片，选中文字"起源"，设置动画进入效果为"飞入"，设置"效果选项"为"自顶部"，如图 4-10 所示。

图 4-10 设置动画进入效果

选中文字"沿革"，设置强调效果为"彩色脉冲"，如图 4-11 所示。

图 4-11 设置强调效果

选中文字"发展"，设置退出效果为"淡化"，如图 4-12 所示。

图 4-12 设置退出效果

添加动作按钮，执行"插入"→"形状"菜单命令，在弹出的下拉列表中选择第一个动作按钮（后退），如图 4-13 所示。

图 4-13　选择第一个动作按钮（后退）

在幻灯片中绘制该动作按钮，绘制完成后，自动弹出"操作设置"对话框，如图 4-14 所示。保持默认设置，即"超链接到"设置为"上一张幻灯片"，单击"确定"按钮。

使用同样的方法添加"前进"动作按钮。两个动作按钮如图 4-15 所示。

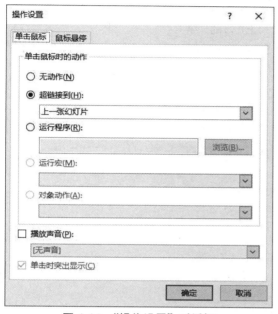

图 4-14　"操作设置"对话框

图 4-15　两个动作按钮

（4）设置切换效果。在"切换"选项卡的"切换到此幻灯片"功能组中，选择"推入"选项，设置"效果选项"为"自左侧"，勾选"计时"功能组中的"设置自动换片时间"复选框，并设置换片时间为"00:03.00"，最后单击"应用到全部"按钮，如图 4-16 所示。

图 4-16　设置切换效果

4.3　PowerPoint 效果设计

【案例 1】从底部垂直向上显示文字。

在最后一张幻灯片之后新增一张幻灯片，内容如图 4-17 所示，设计如下动画效果：单击后，文字从底部垂直向上显示，其他动画选项采用默认设置。

图 4-17　从底部垂直向上显示的文字

【操作提示】

（1）单击最后一张幻灯片，在"开始"选项卡的"幻灯片"功能组中单击"新建幻灯片"按钮，在弹出的下拉列表中选择"标题幻灯片"选项，插入一张新幻灯片。

（2）在标题占位符中输入需要显示的文字，也可以插入文本框，在文本框中输入文字；将占位符或文本框置于幻灯片顶部（动画结束时的最终位置）。

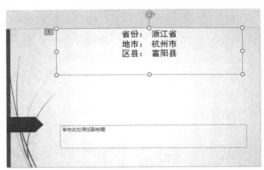

图 4-18　新幻灯片

（3）选中全部文字，设置动画进入效果，在"更改进入效果"对话框中选择"字幕式"选项，如图 4-19 所示。

图 4-19　设置动画（字幕式）

（4）取消这张幻灯片的切换效果。单击"切换"选项卡，在"计时"功能组中取消勾选"设置自动换片时间"复选框，如图 4-20 所示。

图 4-20　取消切换效果

【案例 2】显示文字 A、B、C、D。

在最后一张幻灯片之后新增一张幻灯片，内容如图 4-21 所示，设计如下动画效果：单击后，依次显示文字 A、B、C、D。

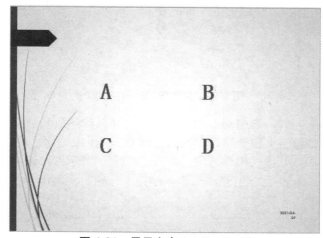

图 4-21　显示文字 A、B、C、D

【操作提示】

（1）新建一张幻灯片，在幻灯片中插入一个文本框，输入"A"，复制和粘贴文本框，并修改文本框中的文字，生成文字"B""C""D"。

（2）将四个文本框全部选中，执行"动画"→"出现"菜单命令，在"计时"功能组中设置"开始"为"单击时"。

（3）取消这张幻灯片的切换效果。

【案例 3】箭头向四周同步扩散。

在最后一张幻灯片之后新增一张幻灯片，内容如图 4-22 所示，设计如下动画效果：圆形四周的箭头向各自所指的方向同步扩散，尺寸的放大倍数为 1.5 倍，扩散动画重复 3 次。

注意：圆形无变化，圆形和箭头的初始大小由读者自定。

【操作提示】

（1）新建一张幻灯片，执行"插入"→"形状"菜单命令，在弹出的下拉列表中选择"椭圆形"选项，在幻灯片中按住 Shift 键绘制圆形；用户也可先绘制椭圆形，再右击圆形，在弹出的快捷菜单中选择"大小和位置"选项，弹出"设置形状格式"窗格，调整椭圆形的大小和位置，将其变为圆形。

（2）执行"插入"→"形状"菜单命令，在弹出的下拉列表中选择"箭头"选项，在幻灯片中绘制 4 个箭头。

（3）选中 4 个箭头，在"动画"选项卡的"动画"功能组中，单击动画库右侧的下拉按钮，在弹出的下拉列表中选择"其他动作路径"选项，打开"更改动作路径"对话框，选择相应的直线路径，返回"动画"功能组，在"效果选项"中修改每个箭头的路径方向。

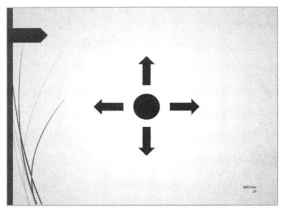

图 4-22　箭头向四周同步扩散

（4）以向上的箭头为例，选中向上的箭头，在"高级动画"功能组中单击"动画窗格"按钮，在弹出的"动画窗格"窗格中，单击对象（这里指向上的箭头）右侧的下拉按钮，在弹出的快捷菜单中选择"效果选项"选项，打开"向上"对话框，切换至"计时"选项卡，设置"重复"为"3"，如图 4-23 所示，单击"确定"按钮。使用同样的方法，设置其他 3 个箭头的重复次数。

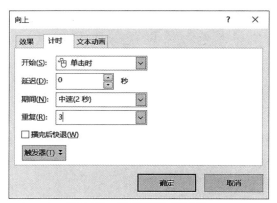

图 4-23　效果选项"计时"

（5）选中 4 个箭头，执行"动画"→"高级动画"→"添加动画"→"放大/缩小"菜单命令，设置"开始"为"与上一动画同时"。

（6）选中 4 个箭头，在"动画窗格"窗格中单击对象右侧的下拉按钮，在弹出的快捷菜单中选择"效果选项"选项，打开"放大/缩小"对话框，在"效果"选项卡中，设置"尺寸"为"150%"，切换至"计时"选项卡，设置"重复"为"3"。

（7）在"动画窗格"窗格中，单击第 1 个对象右侧的下拉按钮，在弹出的快捷菜单中选择"单击开始"选项，剩余 7 个对象均设置为"从上一项开始"，如图 4-24 所示。

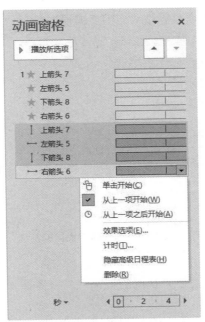

图 4-24　"动画窗格"窗格

（8）取消这张幻灯片的切换效果。

【案例 4】放大的矩形。

在最后一张幻灯片之后新增一张幻灯片，内容如图 4-25 所示，设计如下动画效果：单击后，矩形不断放大，尺寸的放大倍数为 3 倍，放大动画重复 3 次，其他动画选项采用默认设置。

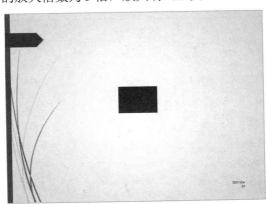

图 4-25　放大的矩形

【操作提示】

（1）执行"插入"→"形状"菜单命令，在幻灯片中绘制一个矩形；设置强调效果为"放大/缩小"；在"放大/缩小"对话框中设置"尺寸"为"300%"，设置"重复"为"3"。

（2）取消这张幻灯片的切换效果。

【案例 5】制作选择题"我国的首都"。

在最后一张幻灯片之后新增一张幻灯片，内容如图 4-26 所示，设计如下动画效果：在"我国的首都"下方选择正确的选项，若选择了正确的选项，则在选项右侧显示文字"正确"，若选择了错误的选项，则在选项右侧显示文字"错误"。

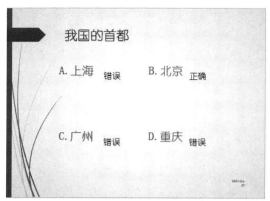

图 4-26　制作选择题"我国的首都"

【操作提示】

（1）在标题占位符中输入文字"我国的首都"，或者插入文本框，在文本框中输入文字"我国的首都"。

（2）插入 4 个文本框，分别输入"A. 上海""B. 北京""C. 广州""D. 重庆"。

（3）插入 4 个文本框，分别输入"错误""正确""错误""错误"，放置在相应的城市选项右侧；为这 4 个文本框设置"进入"→"出现"动画效果，在"动画窗格"窗格中单击对象右侧的下拉按钮，在弹出的快捷菜单中选择"效果选项"选项，打开"出现"对话框，切换至"计时"选项卡，在"触发器"按钮下方选中"单击下列对象时启动动画效果"单选钮，并在右侧的下拉列表中选择合适的对象，如图 4-27 所示。

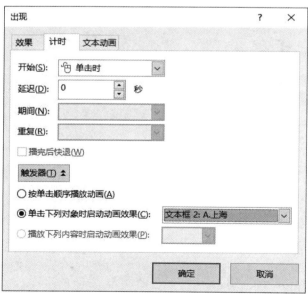

图 4-27　"出现"对话框

（4）取消这张幻灯片的切换效果。

第 5 章　Office 2019 单选题和判断题

5.1　单选题

1. 使用 Word 新建段落样式时，可以设置字体、段落、编号等多种样式属性，以下不属于样式属性的是（　　　）。

A. 制表位　　　　　　B. 语言　　　　　　C. 文本框　　　　　　D. 快捷键

2. Excel 文档包括（　　　）。

A. 工作表　　　　　　B. 工作簿　　　　　　C. 编辑区域　　　　　　D. 以上都是

3. 宏代码也是用程序设计语言编写的，与其最接近的高级语言是（　　　）。

A. Delphi　　　　　　B. Visual Basic　　　　　　C. C#　　　　　　D. Java

4. 在同一个页面中，如果想把页面的前半部分为一栏，后半部分分为两栏，应插入的分隔符号为（　　　）。

A. 分页符　　　　　　　　　　　　　　B. 分栏符

C. 分节符（连续）　　　　　　　　　　D. 分节符（奇数页）

5. 在 Word 中建立索引需要标记索引项，即在被索引内容旁插入域代码形式的索引项，再根据索引项所在的页码生成索引。与索引类似，下列目录中，（　　　）不是通过标记引用项所在位置生成目录的。

A. 目录　　　　　　B. 书目　　　　　　C. 图表目录　　　　　　D. 引文目录

6. 关于 Word 的页码设置，以下表述错误的是（　　　）。

A. 页码可以被插入页眉页脚区域

B. 页码可以被插入左右页边距区域

C. 如果想设置首页和其他页的页码不同，则必须选择"首页不同"选项

D. 可以自定义页码并添加到构建基块管理器中的页码库中

7. 如果要将某个新建样式应用到文档中，下列方法中，无法应用样式的是（　　　）。

A. 使用快速样式库或样式任务窗格直接应用样式

B. 使用查找与替换功能替换样式

C. 使用格式刷复制样式

D. 使用 Ctrl+W 组合键重复应用样式

8. 下列关于导航窗格的描述中，错误的是（　　　）。

A. 能够浏览文档中的标题　　　　　　B. 能够浏览文档中的每个页面

C. 能够浏览文档中的关键文字和词　　　D. 能够浏览文档中的脚注、尾注、题注等

9. 下列视图中，不可以编辑、修改幻灯片的是（　　　）。

A. 浏览　　　　　　　B. 普通　　　　　　　C. 大纲　　　　　　　D. 备注页

10. Office 提供的对文件的保护功能包括（　　　）。

A. 防打开　　　　　　B. 防修改　　　　　　C. 防丢失　　　　　　D. 以上都是

11. 幻灯片的主题不包括（　　　）。

A. 主题动画　　　　　B. 主题颜色　　　　　C. 主题效果　　　　　D. 主题字体

12. Word 文档的编辑限制包括（　　　）。

A. 格式设置限制　　　B. 编辑限制　　　　　C. 权限保护　　　　　D. 以上都是

13. 在幻灯片放映过程中，右击幻灯片，在弹出的快捷菜单中选择"指针选项"→"荧光笔"选项，即可在讲解过程中写和画，其结果是（　　　）。

A. 对幻灯片进行了修改

B. 对幻灯片没有进行修改

C. 写和画的内容留在幻灯片上，下次放映时还会显示出来

D. 写和画的内容可以保存起来，以便下次放映时显示出来

14. 宏病毒的特点是（　　　）。

A. 传播快、制作和变种方便、破坏性大和兼容性差

B. 传播快、制作和变种方便、破坏性大和兼容性好

C. 传播快、传染性强、破坏性大和兼容性好

D. 以上都是

15. 幻灯片中占位符的作用是（　　　）。

A. 表示文本长度　　　　　　　　　　　B. 限制插入对象的数量

C. 表示图形大小　　　　　　　　　　　D. 为文本、图形预留位置

16. 若文档被分为多节，且在"页面设置"对话框的"版式"选项卡中将页眉和页脚设置为奇偶页不同，则下列关于页眉和页脚的说法中，正确的是（　　　）。

A. 文档中所有奇偶页的页眉必然都不相同

B. 文档中所有奇偶页的页眉可以都不相同

C. 每节中奇数页页眉和偶数页页眉必然不相同

D. 每节中奇数页页眉和偶数页页眉可以不相同

17. 在 Word 中插入题注时，若加入章节号，如"图 1-1"，无须进行的操作是（　　　）。

A. 为章节的标题套用固定样式　　　　　B. 为章节的标题应用多级列表

C. 为章节的起始位置应用自动编号　　　D. 设置自定义题注样式为"图"

18. 下列选项卡中，（　　　）不是 Word 的标准选项卡。

A. 审阅　　　　　　　B. 图表工具　　　　　C. 开发工具　　　　　D. 加载项

19. 下列关于大纲级别和内置样式的对应关系的说法中，正确的是（　　　）。

A. 如果文字套用内置样式"正文"，则一定在大纲视图中显示为"正文文本"

B. 如果文字在大纲视图中显示为"正文文本"，则一定对应样式"正文"

C. 如果文字的大纲级别为 1 级，则套用的样式为"标题 1"

D. 以上说法都不正确

20. 宏可以实现的功能不包括（　　　）。

A. 自动执行一串操作或重复操作　　　　B. 自动执行杀毒操作

C. 创建定制的命令　　　　　　　　　　D. 创建自定义的按钮和插件

21. 下列对象中，不可以设置链接的是（　　　）。

A. 文本　　　　　　　B. 背景　　　　　　　C. 图形　　　　　　　D. 剪贴图

22. Word 中的手动换行符是通过（　　　）产生的。

A. 插入分页符　　　　　　　　　　　　B. 插入分节符

C. 按 Enter 键　　　　　　　　　　　　D. 按 Shift+Enter 组合键

23. 设置内置标题样式后，（　　　）功能无法实现。

A. 自动生成题注编号　　　　　　　　　B. 自动生成脚注编号

C. 自动显示文档结构　　　　　　　　　D. 自动生成目录

24. 在书籍杂志的排版过程中，为了根据页面的内侧、外侧情况设置页边距，可将页面设置为（　　　）。

A. 对称页边距　　　　B. 拼页　　　　　　　C. 书籍折页　　　　　D. 反向书籍折页

25. 下列选项中，无法为其创建交叉引用的是（　　　）。

A. 引文　　　　　　　B. 书签　　　　　　　C. 公式　　　　　　　D. 脚注

26. 改变演示文稿的外观可以通过（　　　）实现。

A. 修改主题　　　　　B. 修改母版　　　　　C. 修改背景样式　　　D. 以上三个都对

27. 在 PowerPoint 中，下列说法中错误的是（　　　）。

A. 可以动态显示文本和对象　　　　　　B. 可以更改动画对象的出现顺序

C. 图表中的元素不可以设置动画效果　　D. 可以设置幻灯片切换效果

28. 在（　　　）视图中，可以使用拖动的方法改变幻灯片的顺序。

A. 幻灯片　　　　　　　　　　　　　　B. 备注页

C. 幻灯片浏览　　　　　　　　　　　　D. 幻灯片放映

29. 下列选项中，（　　　）是可被包含在文档模板中的元素。

①样式；②快捷键；③页面设置信息；④宏方案项；⑤工具栏。

A. ①②④⑤　　　　　B. ①②③④　　　　　C. ①③④⑤　　　　　D. ①②③④⑤

30. 如果希望在演示过程中终止幻灯片的演示，则随时可按（　　　）键。

A. Delete　　　　　　B. Ctrl+E　　　　　　C. Shift+　　　　　　D. Esc

31. 使用 Excel 时，如果参与运算的空格恰好位于表格底部，则需要将该空格以上的内容进行累加，可通过插入（　　　）公式来实现。

A. =ADD(BELOW)　　　　　　　　　　　B. =ADD(ABOVE)

C. =SUM(BELOW)　　　　　　　　　　　D. =SUM(ABOVE)

32. 下列有关表格排序的说法中，正确是（　　　）。

A. 只有数字类型可以作为排序的依据　　B. 只有日期类型可以作为排序的依据

C. 笔画和拼音不能作为排序的依据　　　D. 排序规则分为升序和降序

33. Excel 一维水平数组中的元素使用（　　　）分开。

A. ;　　　　　　　　　B. \　　　　　　　　　C. ,　　　　　　　　　D. \\

34. VLOOKUP 函数用于从一个数组或表格的（　　　）中查找含有特定值的字段，再返回同一列的某一指定单元格中的值。

A. 第一行　　　　　　B. 末行　　　　　　　C. 最左列　　　　　　D. 最右列

35. 假设一个工作表的各列数据均含标题，若要对所有列的数据进行排序，则用户应选取的排序区域是（　　　）。

A. 含标题的所有数据区　　　　　　　　　　B. 含标题的任意列数据

C. 不含标题的所有数据区　　　　　　　　　D. 不含标题的任意列数据

36. 我们常用的打印纸包括 A3 纸和 A4 纸，两者的关系是（　　　　）。

A. A3 纸的尺寸是 A4 纸的一半　　　　　　B. A3 纸的尺寸是 A4 纸的一倍

C. A4 纸的尺寸是 A3 纸的四分之一　　　　D. A4 纸的尺寸是 A3 纸的一倍

37. 插入"硬回车"的快捷方式为（　　　　）。

A. Ctrl+Enter 组合键　　　　　　　　　　B. Alt+Enter 组合键

C. Shift+Enter 组合键　　　　　　　　　　D. Enter 键

38. 将数字向上取舍到最接近的偶数的函数是（　　　　）。

A. EVEN　　　　　　B. ODD　　　　　　C. ROUND　　　　　　D. TRUNC

39. 将 A3 单元格中的公式"=$A1+A$2"复制到单元格 B4 中，则单元格 B4 中的公式为（　　　　）。

A. "=$A2+B$2"　　　B. "=$A2+B$1"　　　C. "=$A1+B$2"　　　D. "=$A1+B$1"

40. 某单位要统计各科室人员的工资情况，工资按从高到低进行排序，若工资相同，则按工龄降序排序，下列做法中正确的是（　　　　）。

A. 主要关键字为"科室"，次要关键字为"工资"，第二个次要关键字为"工龄"

B. 主要关键字为"工资"，次要关键字为"工龄"，第二个次要关键字为"科室"

C. 主要关键字为"工龄"，次要关键字为"工资"，第二个次要关键字为"科室"

D. 主要关键字为"科室"，次要关键字为"工龄"，第二个次要关键字为"工资"

41. Excel 一维垂直数组中的元素使用（　　　　）分开。

A. \　　　　　　　　B. \\　　　　　　　　C. ,　　　　　　　　D. ;

42. TOC 域属于（　　　　）。

A. 等式和公式　　　B. 索引和目录　　　C. 文档自动化　　　D. 日期和时间

43. 将数字向上取舍到最接近的奇数的函数是（　　　　）。

A. ROUND　　　　　B. TRUNC　　　　　C. EVEN　　　　　D. ODD

44. 在文档中插入"奇数页"分节符，即（　　　　）。

A. 将分节符之前的内容定位在下一页，并将这页的页码修改为奇数页

B. 将分节符之前的内容定位在下一个奇数页上，如果遇到偶数页就跳空跨过

C. 将分节符之后的内容定位在下一页，并将这页的页码修改为奇数页

D. 将分节符之后的内容定位在下一个奇数页上，如果遇到偶数页就跳空跨过

45. 可以折叠和展开文档标题并进行标题级别设置，以及标题升降级的视图方式为（　　　　）。

A. 页面视图　　　　B. 大纲视图　　　　C. 草稿视图　　　　D. web 版式视图

46. 如果想让不同页面具有不同的页面背景图片（不遮挡页眉或页脚的信息），可以采用的方法是（　　　　）。

A. 先插入节并取消节与节的关联关系，然后设置不同节的页面背景

B. 先插入节并取消节与节的关联关系，然后在页眉或页脚区域插入图片并设置浮于文字之上

C. 先插入节并取消节与节的关联关系，然后在版心正文区域插入图片并设置衬于文字之下

D. 先插入节并取消节与节的关联关系，然后在页眉或页脚区域插入图片并设置衬于文字之下

47. 下列关于分类汇总的说法中，正确的是（　　　　）。

A. 分类汇总前，应该先按分类字段值对记录进行排序

B. 分类汇总可以按多个字段进行分类

C. 只能对数值型字段进行分类

D. 汇总方式只能求和

48. 在 Word 中，域信息可以通过两种形式进行显示，即域的代码符号和字符。一般情况下，执行（　　）命令，可以让这两种形式相互转换。

A. 更新域　　　　　　B. 切换域代码　　　　C. 编辑域　　　　　　D. 插入域

49. 下列关于筛选的描述中，正确的是（　　）。

A. 自动筛选可以同时显示数据区域和筛选结果

B. 高级筛选可以进行更复杂的条件筛选

C. 高级筛选不需要建立条件区，只有数据区域就可以了

D. 自动筛选可以将筛选结果放在指定的区域。

50. 在 Word 中，按照用途可以将域分为（　　）类。

A. 6　　　　　　　　　B. 7　　　　　　　　　C. 8　　　　　　　　　D. 9

51. 下列关于题注的说法中，错误的是（　　）。

A. 题注由标签及编号组成

B. 题注主要针对文字、表格、图片、图形混合编排的大型文稿

C. 题注设定在对象的上下两侧，用于为对象添加带编号的注释说明

D. 题注本质上与脚注和尾注是没有区别的

52. 如果不希望 Word 文档中的一段文字被他人修改，可以采取的措施为（　　）。

A. 格式设置限制　　　　　　　　　　　B. 编辑限制

C. 设置文件修改密码　　　　　　　　　D. 以上都是

53. 为了实现多字段的分类汇总，Excel 提供的工具是（　　）。

A. 数据地图　　　　　B. 数据列表　　　　　C. 数据分析　　　　　D. 数据透视表

54. 页面的页眉信息区域是指（　　）。

A. 页眉设置值的区域　　　　　　　　　B. 页面的上边距的区域

C. 页面的上边距减去页眉设置值的区域　D. 页面的上边距加上页眉设置值的区域

55. 设置 Excel 中单元格的下拉列表可以使用（　　）功能。

A. 名称管理器　　　　　　　　　　　　B. 数据有效性（数据验证）

C. 公式审核　　　　　　　　　　　　　D. 模拟分析

56. Excel 图表是动态的，当在图表中修改了数据系列的值时，与图表相关的工作表中的数据将（　　）。

A. 出现错误值　　　　B. 不变　　　　　　　C. 自动修改　　　　　D. 用特殊颜色显示

57. 一个 Word 文档共有 5 页内容，其中第 1 页的正文垂直竖排，第 2 页的段落有行号，第 3 页的段落前有项目符号，第 4 页的段落首字下沉，第 5 页的正文有边框，最优的处理的方法是（　　）。

A. 插入 5 个硬分页　　　　　　　　　　B. 插入 4 个"下一页"的节

C. 插入 3 个"下一页"的节　　　　　　D. 插入 5 个"下一页"的节

58. 使用记录单增加记录时，当一条记录输入完成后，（　　）便可再次出现一个空白记录单，以便继续增加记录。

A. 单击"关闭"按钮　　　　　　　　　　B. 打击"下一条"按钮

C. 按↑键   D. 按↓键或 Enter 键或单击"新建"按钮

59. 插入软回车的快捷键是（   ）。

A. Ctrl+Enter 组合键   B. Alt+Enter 组合键

C. Shift+Enter 组合键   D. Enter 键

60. 在 Excel 中使用填充柄对包含数字的区域复制时，应按住（   ）键。

A. Alt   B. Ctrl   C. Shift   D. Tab

61. 主控文档的创建和编辑操作可以在（   ）中进行。

A. 页面视图   B. 大纲视图   C. 草稿视图   D. Web 版式视图

62. 可以查看文档页面的页眉和页脚的视图方式有（   ）。

A. 页面视图和草稿视图   B. 页面视图和大纲视图

C. 页面视图和阅读版式视图   D. 页面视图和 Web 版式视图

63. 在一个表格中，为了查看满足部分条件的数据内容，最有效的方法是（   ）。

A. 选中相应的单元格   B. 采用数据透视表工具

C. 采用数据筛选工具   D. 通过宏来实现

64. 下列关于交叉引用的说法中，正确的是（   ）。

A. 在书籍、期刊、论文正文中用于标识引用来源的文字被称为交叉引用

B. 交叉引用是在创建文档时参考或引用的文献列表，通常位于文档的末尾

C. 交叉引用设定在对象的上下两侧，用于为对象添加带编号的注释说明

D. 为文档内容添加的注释设置引用说明，以保证注释与文字的引用关系被称为交叉引用。

65. 返回参数中非空值单元格数目的函数是（   ）。

A. COUNT   B. COUNTBLANK   C. COUNTIF   D. COUNTA

66. 自定义序列可以通过（   ）来建立。

A. 执行"开始"→"格式"菜单命令

B. 执行"数据"→"筛选"菜单命令

C. 执行"开始"→"排序和筛选"→"自定义排序"→"次序"→"自定义序列"菜单命令

D. 执行"数据"→"创建组"菜单命令

67. 切换域代码和域结果的快捷键是（   ）。

A. F9 键   B. Ctrl+F9 组合键   C. Shift+F9 组合键   D. Alt+F9 组合键

68. 在记录单的右上角显示"3/30"，其意义是（   ）。

A. 当前记录单仅允许 30 个用户访问   B. 当前记录是第 30 号记录

C. 当前记录是第 3 号记录   D. 用户是访问当前记录单的第 3 个用户

69. 下列选项中，（   ）不属于"目录"对话框中的内容。

A. 打印预览与 Web 预览   B. 制表符前导符号下拉列表

C. 样式下拉列表   D. 显示级别选项框

70. 下列关于目录的说法中，正确的是（   ）。

A. 当新增了一些内容使页码发生变化时，生成的目录不会随之改变，需要手动更改

B. 目录生成后，有时目录文字会有灰色底纹，打印时会打印出来

C. 如果要把某一级目录的文字字号改为"小三"，需要逐一手动修改

D. 在 Word 中，目录提取是基于大纲级别和段落样式的

71. 能够呈现页面实际打印效果的视图方式是（　　　）。

A. 页面视图　　　　B. 大纲视图　　　　C. 草稿视图　　　　D. Web 版式视图

72. 以下 Excel 运算符中优先级最高的是（　　　）。

A. :　　　　　　　B. ,　　　　　　　C. *　　　　　　　D. +

73. 下列函数中，（　　　）函数不需要参数。

A. DATE　　　　　B. DAY　　　　　　C. TODAY　　　　D. TIME

74. 计算贷款指定期数应付的利息额应使用（　　　）函数。

A. FV　　　　　　B. PV　　　　　　　C. IPMT　　　　　D. PMT

75. 防止文件丢失的方法为（　　　）。

A. 自动备份　　　　B. 自动保存　　　　C. 另存一份　　　　D. 以上都是

76. Word 文档分为三个层次，由上到下分别是文本层、绘图层和（　　　）。

A. 编辑层　　　　　B. 绘画层　　　　　C. 文本层之下层　　D. 绘图层之下层

77. 将数字截尾取整的函数是（　　　）。

A. TRUNC　　　　B. INT　　　　　　C. ROUND　　　　D. CEILING

78. 使用 Excel 的数据筛选功能，是将（　　　）。

A. 满足条件的记录显示出来，删除不满足条件的数据

B. 将不满足条件的记录暂时隐藏起来，只显示满足条件的数据

C. 将不满足条件的数据用另外一个工作表保存起来

D. 将满足条件的数据突出显示

79. 下列关于 Excel 表格的说法中，不正确的是（　　　）。

A. 表格的第一行为列标题（称字段名）

B. 表格中不能有空列

C. 表格与其他数据之间应至少留有空行或空列

D. 为了清晰，表格总把第一行作为列标题，而把第二行空出来

80. 将数字向下取整到最接近整数的函数是（　　　）。

A. INT　　　　　　B. TRUNC　　　　C. ROUND　　　　D. TRIM

81. 将数字截尾取整的函数是（　　　）。

A. TRUNC　　　　B. INT　　　　　　C. ROUND　　　　D. CEILING

82. 下列选项中，可以在 Excel 中输入文本类型数字"0001"的是（　　　）。

A. "0001"　　　　B. '0001　　　　　C. \\0001　　　　　D. \\\\0001

83. 在 Excel 中，对数据表进行分类汇总前，先要（　　　）。

A. 按分类列排序　　B. 选中　　　　　　C. 筛选　　　　　　D. 按任意列排序

84. 在 Excel 中，在（　　　）选项卡可以进行工作簿视图方式的切换。

A. 开始　　　　　　B. 页面布局　　　　C. 审阅　　　　　　D. 视图

85. 执行（　　　）命令，可以设置 Excel 单元格颜色以便突出显示。

A. "条件格式"→"突出显示"　　　　　　B. "条件格式"→"突出设置单元格格式"

C. "条件格式"→"突出显示单元格规则"　D. "条件格式"→"突出显示单元格"

86. 在 Excel 的工作表中，每个单元格都有其固定的地址，"A5"的含义是（　　　）。

A. "A"代表"A"列，"5"代表第"5"行

B. "A"代表"A"行，"5"代表第"5"列

C. "A5" 代表单元格的数据

D. 以上都不是

87. SUMIF 函数的第 1 个参数表示（　　　）。

A. 条件区域　　　　　　　　　　　　B. 指定的条件

C. 需要求和的区域　　　　　　　　　D. 其他

88. 连续选择相邻工作表时，应该按住（　　　）键。

A. Enter　　　　　　B. Alt　　　　　　C. Shift　　　　　　D. Ctrl

89. VLOOKUP 函数的第 3 个参数表示（　　　）。

A. 查找值　　　　　B. 查找范围　　　　C. 查找列数　　　　D. 匹配

90.（　　　）是特殊的指令，在域中可引发特定的操作。

A. 域名　　　　　　B. 域参数　　　　　C. 域代码　　　　　D. 域开关

91. VLOOKUP 函数的第 1 个参数表示（　　　）。

A. 查找值　　　　　B. 查找范围　　　　C. 查找列　　　　　D. 匹配

92. 在 Excel 的单元格中出现一连串的 "######" 符号，表示（　　　）。

A. 需重新输入数据　　　　　　　　　B. 需删去该单元格

C. 需调整单元格的宽度　　　　　　　D. 需删去这些符号

93. SUMIF 函数的第 2 个参数表示（　　　）。

A. 条件区域　　　　　　　　　　　　B. 指定的条件

C. 需要求和的区域　　　　　　　　　D. 其他

94. 执行（　　　）命令，可以在 Excel 中使用条件格式设置隔行不同颜色。

A. "条件格式" → "填充色"　　　　　B. "条件格式" → "新建规则"

C. "条件格式" → "数据分类"　　　　D. "格式" → "设置单元格式"

95. Excel 文档包括（　　　）。

A. 工作表　　　　　B. 工作簿　　　　　C. 编辑区域　　　　D. 以上都是

96. 在 Excel 中，D5 单元格的绝对引用地址为（　　　）。

A. D5　　　　　　　B. D$5　　　　　　C. $D$5　　　　　　D. $D5

97. SUMIF 函数的第 3 个参数表示（　　　）。

A. 条件区域　　　　　　　　　　　　B. 指定的条件

C. 需要求和的区域　　　　　　　　　D. 其他

98. 下列关于 Word 目录的描述中，正确的是（　　　）。

A. 默认建立的目录开启了超链接功能。只需按 Shift 键，同时在目录上单击，就可以跳
　　转到目录对应的文档位置

B. 在 "引用" 选项卡中执行 "目录" → "插入目录" 命令，可以快速自动地为各种形式
　　的文档生成目录

C. 当章、节标题发生变化时，按 F9 键可以自动更新生成的目录

D. 如果要更改目录样式，需要在文档模板中一并更改设置

99. 在 Excel 中套用表格格式后，会出现（　　　）选项卡。

A. 图片工具　　　　B. 表格工具　　　　C. 绘图工具　　　　D. 其他工具

100. 下列关于打印的说法中，错误的是（　　　）。

A. 打印内容可以是整张工作表　　　　B. 可以将内容打印到文件

C. 可以一次打印多份　　　　　　　　　　　　　D. 不可以打印整个工作簿

101. 在 Excel 的单元格中输入负数时，可以使用的表示负数的两种方法是（　　　）。

A. 在负数前加一个减号或用圆括号　　　　B. 斜杠（/）或反斜杠（\\）

C. 斜杠（/）或连接符（-）　　　　　　　　D. 反斜杠（\\）或连接符（-）

102. 下列关于 Excel 区域的定义中，不正确的是（　　　）。

A. 区域可由同一行连续多个单元格组成　　B. 区域可由同一列连续多个单元格组成

C. 区域可由单一单元格组成　　　　　　　　D. 区域可由不连续的单元格组成

103. 执行（　　）命令，可以设置数据按颜色分组。

A. "条件格式"→"设置颜色"

B. "条件格式"→"设置分类的条件"→"设置颜色"

C. "条件格式"→"新建规则"

D. "条件格式"→"设置颜色"→"设置分类的条件"

104. 要在 Excel 工作簿中同时选择多个不相邻的工作表，可以在按住（　　　）键的同时依次单击各工作表的标签。

A. Shift　　　　　　　B. Alt　　　　　　　C. Ctrl　　　　　　　D. Caps Lock

105. 在 Excel 中，求最大值的函数是（　　　）。

A. IF　　　　　　　　B. COUNT　　　　　　C. MIN　　　　　　　D. MAX

106. 执行（　　）命令，可以实现数据条的渐变填充。

A. "条件格式"→"数据条"→"渐变填充"

B. "条件格式"→"渐变填充"

C. "格式"→"设置单元格格式"

D. "条件格式"→"数据条"

107. 在 Excel 中，利用填充柄可以将数据复制到相邻单元格中，若选择含有数值的左右相邻的两个单元格，拖动填充柄，则数据将以（　　　）填充。

A. 等差数列　　　　　B. 等比数列　　　　　C. 左单元格数值　　　D. 右单元格数值

108. 将一个数据表格的行与列快速交换的方法是（　　　）。

A. 利用复制、粘贴命令

B. 利用剪切、粘贴命令

C. 使用鼠标拖动

D. 使用复制、选择性粘贴、转置命令

109. 在单元格中输入（　　　）可以实现数值-6。

A. "6　　　　　　　　B. -6　　　　　　　　C. \\6　　　　　　　D. \\\\6

110. 函数 AVERAGE(A1:B5)表示（　　　）。

A. 求(A1:B5)区域的最小值　　　　　　　　B. 求(A1:B5)区域的平均值

C. 求(A1:B5)区域的最大值　　　　　　　　D. 求(A1:B5)区域的总和

111. VLOOKUP 函数的第 2 个参数表示（　　　）。

A. 查找值　　　　　　B. 查找范围　　　　　C. 查找列数　　　　　D. 匹配

112. 下列关于 Excel 打印与预览操作的说法中，正确的是（　　　）。

A. 输入数据时是在表格中进行的，打印时肯定有表格线

B. 尽管输入数据时是在表格中进行的，但如果不特意设置，那么打印时将不会有表格线

   C. 可在"页面设置"对话框中单击"工作表"选项卡，然后取消"网格线"复选框的勾选状态，这样打印时会有表格线

   D. 除在"页面设置"对话框中设置外，没有其他方式可以打印出表格线了

113. 在 Excel 中要录入身份证号码，则数字分类应选择（   ）格式。

   A. 常规   B. 数值   C. 科学计数   D. 文本

114. 在 Word 中运用文档的（   ）功能，可以进行建立批注、标记修订、跟踪修订标记等操作，从而提高文档的编辑效率。

   A. 审阅   B. 插入   C. 查找   D. 新建

115. 默认情况下，每个工作簿包含（   ）个工作表。

   A. 1   B. 2   C. 3   D. 4

116. 下列关于 Word 修订功能的说法中，错误的是（   ）。

   A. 在 Word 中可以突出显示修订

   B. 不同修订者的修订会用不同的颜色显示

   C. 所有修订都用同一种比较鲜明的颜色显示

   D. 在 Word 中可以接受或拒绝某一修订

117. 执行（   ）命令，可以设置随着内容变化而变色的单元格。

   A. "条件格式"→"项目选取规则"   B. "条件格式"→"新建规则"

   C. "条件格式"→"变色"   D. "格式"→"设置单元格格式"

118. 下列选项中，（   ）不属于 Excel 中的数字分类。

   A. 常规   B. 货币   C. 文本   D. 条形码

119. 每年的元旦节，某信息公司要发大量内容相同的信，只是信中的称呼不一样，为了不做重复的编辑工作，提高工作效率，可用在 Word 中使用（   ）功能完成任务。

   A. 邮件合并   B. 书签   C. 信封和选项卡   D. 复制

120. VLOOKUP 函数的第 4 个参数 false 表示（   ）。

   A. 匹配   B. 精确匹配   C. 模糊匹配   D. 不符合

121. 在 Excel 中，要想设置行高、列宽，应在（   ）选项卡中单击"格式"按钮。

   A. 开始   B. 插入   C. 页面布局   D. 视图

122. 在 Excel 中，使用公式输入数据，一般需要在公式前加（   ）。

   A. =   B. #   C. '   D. "

123. 将 Excel 表格的首行或首列固定不动的功能是（   ）。

   A. 锁定   B. 保护工作表   C. 冻结窗格   D. 不知道

124. （   ）域用于依序为文档中的章节、表、图以及其他页面元素编号。

   A. StyleRef   B. TOC   C. Seq   D. PageRef

125. 下列关于在 Excel 中打印工作簿的说法中，错误的是（   ）。

   A. 一次可以打印整个工作簿

   B. 一次可以打印一个工作簿中的一个或多个工作表

   C. 在一个工作表中可以只打印某一页

   D. 不能只打印一个工作表中的一个区域位置

126. 在 Excel 中的某个单元格中输入"(123)"，则该单元格中的内容为（   ）。

   A. −123   B. "123"   C. "(123) "   D. 123

127. 公式 "=VALUE("12 ")+SQRT(9)" 的运算结果是（　　）。

　A. #NAME?　　　　　B. #VALUE?　　　　　C. 15　　　　　　D. 21

128. 计算物品的线性折旧费应使用函数（　　）。

　A. IPMT　　　　　　B. SLN　　　　　　　C. PV　　　　　　D. FV

129. 使用 Excel 的高级筛选功能时，在条件区域中写在同一行的条件属于（　　）。

　A. 或关系　　　　　B. 与关系　　　　　　C. 非关系　　　　　D. 异或关系

130. 在 Excel 中，单元格地址有 3 种引用方式，它们是相对引用、绝对引用、和（　　）。

　A. 相互引用　　　　B. 混合引用　　　　　C. 简单引用　　　　D. 复杂引用

131. 公式 "=RIGHT(LEFT("中国农业银行",4),2)" 的运算结果是（　　）。

　A. 中国　　　　　　B. 农业　　　　　　　C. 银行　　　　　　D. 农

132. Excel 的数据筛选功能是（　　）。

　A. 将满足条件的记录全部显示出来，删除掉不满足条件的数据

　B. 将不满足条件的记录暂时隐藏起来，只显示满足条件的数据

　C. 将不满足条件的数据用另外一张工作表保存起来

　D. 将满足条件的数据突出显示

133. 在 Excel 中，当打印学生成绩单时，对不及格的成绩用醒目的方式表示（如用红色表示），当要处理大量的学生成绩时，利用（　　）命令最方便。

　A. 查找　　　　　　B. 条件格式　　　　　C. 数据筛选　　　　D. 定位

134. 在 Excel 中，使用函数 LEFT(A1,4)等价于（　　）。

　A. LEFT(4,A1)　　　　　　　　　　B. MID(A1,4)

　C. MID(A1,1,4)　　　　　　　　　D. MID(A1,4,1)

136. 公式 "=REPLACE("中国农业银行",3,1,"兴")" 的运算结果是（　　）。

　A. 中国银行　　　　B. 中国农业银行　　　C. 中国兴业银行　　D. 中国农业

136. 公式 "=INT(−123.12)" 的运算结果是（　　）。

　A. 123　　　　　　B. −124　　　　　　　C. 124　　　　　　D. −123

137. 下列 Excel 运算符中，优先级最高的是（　　）。

　A. :　　　　　　　B. ,　　　　　　　　　C. *　　　　　　　D. +

138. 在 Excel 中，计算 A1～B5、D1～E5 这 20 个单元格中数据的平均值，并将结果填入 A6 单元格，则在 A6 单元格中应输入（　　）。

　A. AVERAGE(A1,B5,D1,E5)　　　　　B. AVERAGE(A1:B5,D1:E5)

　C. AVERAGE(A1:B5:D1:E5)　　　　　D. AVERAGE(A1,B5:D1,E5)

139. 在 A1 单元格中输入字符 "XYZ"，在 B1 单元格中输入 "100"（均不含引号），在 C1 单元格中输入函数 "=IF(AND(A1="XYZ",B1<100),B1+10,B1-10)"，则 C1 单元格中的结果为（　　）。

　A. 80　　　　　　　B. 90　　　　　　　　C. 100　　　　　　D. 110

140. 假设在某工作表 A1 单元格内的公式中含有 "$B1"，将其复制到 C2 单元格后，公式中的 "$B1" 将变为（　　）。

　A. $D2　　　　　　B. $D1　　　　　　　C. $B2　　　　　　D. $B1

141. Excel 的自动筛选的功能是（　　）。

　A. 将满足条件的记录显示出来，删除不满足条件的数据

B. 将不满足条件的记录暂时隐藏起来，只显示满足条件的数据

C. 将不满足条件的数据用另外一个工作表来保存起来

D. 将满足条件的数据突出显示

142. 求取在某数据库区域内满足某指定条件的数据的平均值可以用（　　）函数。

A. DGETA.   B. DCOUNT   C. DAVERAGE   D. DSUM

143. B1 单元格的内容为"20150825"，要取出当前的月，应该使用（　　）公式。

A. MID(B1,5,2)   B. REPLACE(B1,5,2)

C. GETMID(B1,5,2)   D. EXTRACTMID(B1,5,2)

144. 在 EXCEL 中完整地输入数组公式之后，应按（　　）。

A. Enter 键   B. Shift+Enter 组合键

C. Ctrl+Shift+Enter 组合键   D. Ctrl+Enter 组合键

145. 公式 "=LEFT("中国农业银行",2)" 的运算结果是（　　）。

A. 中国   B. 农业   C. 银行   D. 中

146. 在 Excel 的工作表中建立数据表，通常把每一行称为一个（　　）。

A. 记录   B. 二维表   C. 属性   D. 关键字

147. 使用 Excel 的高级筛选功能时，条件区域中不同行的条件属于（　　）。

A. 或关系   B. 与关系   C. 非关系   D. 异或关系

148. 将单元格 E8 中的公式 "=$A3+B4" 移至 G8 单元格后，公式将变为（　　）。

A. $A3+B4   B. $A3+D4   C. $C3+B4   D. $C3+D4

149. 在 Excel 中复制公式时，为使公式中的（　　），必须使用绝对引用地址。

A. 引用不随新位置变化   B. 单元格地址随新位置变化

C. 引用随新位置变化   D. 引用大小随新位置变化

150. 计算贷款指定期数应付的利息额应该使用函数（　　）。

A. IPMT   B. SLN   C. PV   D. FV

151. 在 Excel 中，如果我们只需要数据列表中的一部分记录时，可以使用 Excel 提供的（　　）功能。

A. 排序   B. 自动筛选   C. 分类汇总   D. 以上全部

152. 在 Excel 单元格中输入的数据有两种类型，一种是常量，可以是数值或文字。另一种是（　　），是以 "=" 开头的。

A. 公式   B. 批注   C. 数字   D. 字母

153. 在工作表中筛选出某选项的正确操作方法是（　　）。

A. 单击数据表外的任意单元格，执行"数据"→"筛选"→"自动筛选"菜单命令，单击想查找列的下拉按钮，在弹出的下拉列表中选择筛选项

B. 单击数据表中的任意单元格，执行"数据"→"筛选"→"自动筛选"菜单命令，单击想查找列的下拉按钮，在弹出的下拉列表中选择筛选项

C. 执行"编辑"→"查找"菜单命令，在"查找"对话框的"查找内容"文本框中输入要查找的项，单击"关闭"按钮。

D. 执行"编辑"→"查找"菜单命令，在"查找"对话框的"查找内容"文本框中输入要查找的项，单击"查找下一个"按钮。

154. 在 Excel 中，若需要将某列中大于某个值的记录挑选出来，应执行"数据"→

"（　　）"菜单命令。

A. 排序　　　　　　　　　　B. 筛选

C. 分类汇总　　　　　　　　D. 合并计算

155. 在 Excel 的工作表中建立数据表，通常把每列称为一个（　　）。

A. 记录　　　　B. 二维表　　　　C. 属性　　　　D. 关键字

156. Excel 的主要功能不包括（　　）。

A. 大型表格制作功能　　　　B. 图表功能

C. 数据库管理功能　　　　　D. 网络通信功能

157. Excel 的 PMT 函数用于（　　）。

A. 基于固定利率及等额分期付款方式，返回贷款的每期付款额

B. 等额分期付款方式，返回贷款的每期付款额

C. 基于固定利率，返回贷款的每期付款额

D. 贷款的每期付款额

158. Excel 的筛选功能包括（　　）和高级筛选。

A. 直接筛选　　　B. 自动筛选　　　C. 简单筛选　　　D. 间接筛选

159. 统计某数据库中记录字段满足某指定条件的非空单元格的数量使用（　　）函数。

A. DCOUNTA.　　B. DCOUNT　　C. DAVERAGE　　D. DSUM

160. Excel 中的一维水平数组中的元素可以使用（　　）分开。

A. :　　　　　B. \　　　　　C. \\　　　　　D. ,

161. 记录单的归属是（　　）。

A. "插入"选项卡　　　　　　B. "数据"选项卡

C. "视图"选项卡　　　　　　D. 不在功能区中

162. 返回参数组中非空单元格数量的函数是（　　）。

A. COUNT　　B. COUNTBLANK　C. COUNTIF　　D. COUNTA

163. 在 Excel 中，当公式中出现被零除的现象时，产生的错误值是（　　）。

A. #DIV/0!　　B. #N/A!　　　C. #NUM!　　　D. #VALUE!

164. A2 单元格中的内容为"8913821"，若想使用函数将"8913821"这一号码升级为"88913821"，应输入公式（　　）。

A. MID(A2,2,0,8)　　　　　B. REPLACE(A2,2,0,8)

C. GETMID(A2,2,0,8)　　　 D. EXTRACTMID(A2,2,0,8)

165. 公式 "=RIGHT("中国农业银行",2)" 的运算结果（　　）。

A. 中国　　　B. 农业　　　C. 银行　　　D. 行

166. 在 Excel 中，下列关于自定义自动筛选的说法中，不正确的是（　　）。

A. 在"自定义自动筛选"对话框中可以使用通配符

B. 可以对已经完成自定义自动筛选的数据再进行自定义自动筛选

C. 在"自定义自动筛选"对话框中可以同时选择"与"和"或"选项

D. 当前数据列表中的数据只有先执行了自动筛选命令后，才能使用自定义自动筛选功能

167. 要取出某时间值的分钟数，应使用（　　）函数。

A. HOUR　　　B. MINUTE　　C. SECON　　D.D. TIME

168. （　　）函数可以返回参数组中非空单元格的数量。

A. COUNTIF
B. COUNT

C. COUNTBLANK
D. COUNTA

169. 公式"=LEFT(RIGHT("中国农业银行",4),2)"的运算结果是（   ）。

A. 中国　　　　　　B. 农业　　　　　　C. 银行　　　　　　D. 农

170. 公式"=INT(123)"的运算结果是（   ）。

A. 123　　　　　　B. 124　　　　　　C. 123.1　　　　　　D. 123

171. 在 Excel 中，假设某个单元格中的公式为"=$A1"，此处的$A1属于（   ）引用。

A. 相对
B. 绝对

C. 列相对行绝对的混合
D. 列绝对行相对的混合

172. 下列关于 Excel 的筛选功能的说法中，正确的是（   ）。

A. 自动筛选和高级筛选都可以将结果筛选至另外的区域中

B. 执行高级筛选前必须在另外的区域中给出筛选条件

C. 自动筛选的条件只能是一个，高级筛选的条件可以是多个

D. 如果所选条件出现在多列中，并且条件之间有"与"的关系，则必须使用高级筛选

173. 在 Excel 的图表中，水平 x 轴通常作为（   ）。

A. 排序轴　　　　B. 分类轴　　　　C. 数值轴　　　　D. 时间轴

174. 在 Excel 中创建图表，首先要打开（   ），然后在"图表"功能组中进行操作。

A. "开始"选项卡
B. "插入"选项卡

C. "公式"选项卡
D. "数据"选项卡

175. 在 Excel 中建立图表时，有很多图表类型可供选择，能够很好地表现一段时期内数据变化趋势的图表类型是（   ）。

A. 柱形图　　　　B. 折线图　　　　C. 饼图　　　　D.散点图

176. 下列选项中，对分类汇总的描述错误的是（   ）。

A. 分类汇总前需要排序数据

B. 汇总方式主要包括求和、最大值、最小值等

C. 分类汇总结果必须与原数据位于同一个工作表中

D. 不能隐藏分类汇总数据

177. 数据透视表在"插入"选项卡的"（   ）"组中。

A. 插图　　　　B. 文本　　　　C. 表格　　　　D. 符号

178. 在 Excel 中，假设有一张职工简表，现要对职工工资按职称属性进行分类汇总，则在分类汇总前必须进行数据排序，应选择的关键字为（   ）。

A. 性别　　　　B. 职工号　　　　C. 工资　　　　D. 职称

179. 在 Excel 中，（   ）可将选定的图表删除。

A. "文件"菜单下的命令
B. 按 Delete 键

C. "数据"菜单下的命令
D. 图表菜单下的命令

180. 在 Excel 中，在进行自动分类汇总之前必须（   ）。

A. 对数据清单进行索引

B. 选中数据清单

C. 必须对数据清单按分类汇总的列进行排序

D. 数据清单的第一行中必须有列标记

181. 在 Excel 中按某个字段排序时，出现的空白单元格将排在（　　　）。

A. 最前面

B. 最后面

C. 不一定，要看排序方式是升序还是降序

D. 以上都错

182. Excel 可以把工作表转换成 Web 页面所需的（　　　）格式。

A. HTML B. TXT C. BAT D. EXE

183. 在对 Excel 中，对数据表进行排序时，在"排序"对话框中能够指定的排序关键字的个数限制为（　　　）。

A. 1 个 B. 2 个 C. 3 个 D. 任意

184. 在 Excel 中，对工作表中的数据排序后，要使数据恢复为原来的次序，方法是（　　　）。

A. 执行"开始"→"撤销排序"菜单命令

B. 在"排序"对话框中选择"删除条件"选项

C. 单击"快速访问工具栏"中的"撤消"按钮

D. 在"排序"对话框中选择"降序"选项

185. 在 Excel 中，创建一个图表的第一步是（　　　）。

A. 选择图表的形式 B. 选择图表的类型

C. 选择图表存放的位置 D. 选择创建图表的数据区域

186. 在 Excel 中，（　　　）不是获取外部数据的方法。

A. 现有连接 B. 来自网站 C. 来自 Access D. 来自 Word

187. 下列关于 Excel 分类汇总的说法中，正确的是（　　　）。

A. 下一次分类汇总总要替换上一次分类汇总

B. 分类汇总可以嵌套

C. 只能设置一项汇总

D. 分类汇总不能被删除

188. 在 Excel 中，进行分类汇总前，必须先对数据表中的某个列标题（即属性名，又被称为字段名）进行（　　　）。

A. 自动筛选 B. 高级筛选 C. 排序 D. 查找

189. 下列关于筛选功能的说法中，错误的是（　　　）。

A. 筛选功能可以将符合条件的数据显示出来

B. 筛选功能会改变原始工作表的数据结构与内容

C. 可以自定义筛选的条件

D. 可以设置多个字段的筛选条件

5.2　判断题

1. 在稿纸设置中，不仅可以设置稿纸的方格行列数，还可以直接指定页眉和页脚的内容。

（　　　）

2. 在页面设置过程中，若左边距为 3cm，装订线为 0.5cm，则版心左边距离页面左边沿的实际距离为 3.5cm。（　　　）

3. 可以根据页边距或者文字来设置和调整与页面边框的距离。（　　　）

4. 如果采用"拼页"的编辑方式，当第一页的文字垂直排版时，那么打印输出的结果是第一页会排在一张纸的右边，而纸张的左边是文档的第二页。（　　　）

5. 不进行任何文档的页面设置也同样可以排版和编辑文档。（　　　）

6. 页面的版心指包括页眉页脚的文档区域。（　　　）

7. 文档页面的主题以及主题元素（颜色、字体和效果）都可以自定义并保存，以供后续使用。（　　　）

8. 在 Word 文档的三个层次中，用户在编辑文档时使用的是文本层，插入的嵌入型图片也可位于文本层中。（　　　）

9. 页面的左右边距也就是文档段落的左右缩进。（　　　）

10. 纸张的型号源于该系列最大号纸张的面积值，每沿着长度方向对折一次就得到小一号的纸张型号。（　　　）

11. 页面的背景可以填充为渐变色、图片、图案或纹理，但是页面背景不受节区域的限制。（　　　）

12. 通过页面布局的页面背景为页面设置的页面背景填充图片依赖图片本身的实际大小，并且无法调节。（　　　）

13. 如果选择"对称页边距"的形式编辑页面，那么打印输出时是将相邻两页按对称边距打印在一页纸张上。（　　　）

14. 无论当前纸张的方向是横向还是纵向，当把文字的方向设置为垂直时，系统通常会自动改变纸张的方向。（　　　）

15. 页面的左边距不包括装订线的部分。（　　　）

16. 如果选择"拼页"的形式编辑页面，那么打印输出的页面顺序与编辑顺序永远相同。（　　　）

17. 页面稿纸设置的行列数可以自定义。（　　　）

18. 页面的版心区域与页眉页脚区域是绝对隔离的，彼此不可相互挤占。（　　　）

19. 如果不需要输出打印，那么页面纸张的大小可以自定义为任何大小。（　　　）

20. 页面中的文字行列数是可以自定义的。（　　　）

21. 页面版心的文字排版方向有可能会影响到"拼页"和"书籍折页"的编辑顺序。（　　　）

22. 对页面中的文字行添加行号与通过段落编号列表处理的效果一样。（　　　）

23. 在不同的视图方式下显示文档格式标识，是可以自定义设置的。（　　　）

24. 如果采用"书籍折页"的编辑方式，假设文档只有四页内容，当第四页的文字是垂直排版时，那么打印输出的结果是第四页会排在一张纸的右边，而纸张的左边是文档的第一页。（　　　）

25. 页面的水印既可以是文字也可以是图片，都可以自定义。（　　　）

26. 虽然文档的页码可以设置为多种格式类型，但是页码必须由系统生成，因为页码实际上是一种域的值的呈现方式。（　　　）

27. 标题导航窗格中的内容是可以直接编辑和修改的。（　　）

28. 软分页和硬分页都可以根据需要随时插入。（　　）

29. 在大纲视图中是无法观察到文档的段落格式和自然分页的情况的。（　　）

30. 无论是草稿视图还是大纲视图都只显示文字信息，所以浏览和翻页的加载速度都非常快，适合文本信息的编辑处理。（　　）

31. 页面的页码必须放置在页脚。（　　）

32. 如果文档中的标题没有套用大纲级别或样式标题，那么就无法通过页面导航窗格来定位页面。（　　）

33. 在页眉页脚区域中只能输入文本信息。（　　）

34. 图片被裁剪后，被裁剪的部分仍作为图片文件的一部分被保存在文档中。（　　）

35. Word 的查找替换功能不但可以替换文字信息还可以替换特殊格式符号,诸如分页符、分节符、制表符、软回车等。（　　）

36. 主控文档功能比较适合处理长文档或多人合作的文档。（　　）

37. 根据栏宽和间距，可以设置文档区域 1 到 N（N>1）栏的分栏效果。（　　）

38. 在主控文档中插入子文档之前，必须先插入节来隔断子文档区域。（　　）

39. Word 的屏幕截图功能可以将任何最小化后并收藏到任务栏的程序屏幕视图插入文档中（　　）

40. 分栏的栏宽和间隙都可以自定义调整。（　　）

41. "管理样式"功能是样式的总指挥站，在"管理样式"对话框中可以管理快速样式库和样式任务窗格的样式显示内容，以及创建、修改和删除样式。（　　）

42. 为文档的标题设置 1~9 级的大纲级别，可以在大纲视图中进行，数字越大级别越高。（　　）

43. 只能对已经插入节的区域进行分栏处理。（　　）

44. 可以通过键盘直接输入页码编号。（　　）

45. 在文字行的尾端按 Enter 键，可以实现分段的效果，分段主要用于设置以段落为单位的段落格式。（　　）

46. 草稿视图与页面视图的唯一区别是不显示文档中的图片。（　　）

47. 只需双击文档版心正文区域就可以退出页眉页脚的编辑状态。（　　）

48. "下一页"分节符与硬分页的效果相同。（　　）

49. 主控文档与常规的普通文档的区别是主控文档与其包含的子文档有特别的连接关系。（　　）

50. 页眉页脚区域的信息空间是固定的，不可以逾越。（　　）

51. 相邻的节与节之间的页眉页脚的关联关系是可以分开设置的，即页眉可以有关联，但页脚可以没有关联。（　　）

52. 如果要在标题导航窗格中显示导航信息，那么文档就必须有单独的行存在大字号标题文字。（　　）

53. 在栏与栏之间可以添加分隔线。（　　）

54. 分页符、分节符等编辑标记只能在草稿视图中查看。（　　）

55. 在草稿视图中，分节符和自然分页符不受"显示/隐藏编辑标记"的限制，始终处于显示状态。（　　）

56. 导航窗格必须搭配页面视图、草稿视图、大纲视图、Web 版式视图和阅读版式视图一起使用，而不能单独使用。（　　　）

57. 相邻的节与节之间的页眉页脚的关联关系是可以选择或取消的。（　　　）

58. 文档的页面边框受到节区域的限制，而文字或段落边框没有这个限制。（　　　）

59. 如果通过搜索关键字导航，那么当文档中匹配的关键字太多时，导航窗格就不会显示搜索结果。（　　　）

60. 当设置了文档页面的页眉页脚为奇偶页不同和首页不同后，可以在草稿视图中看到系统自动插入的分节符。（　　　）

61. 在插入子文档之前对主控文档的页面设置会自然呈现在后来插入的子文档页面中。（　　　）

62. 分栏也是一种分节。（　　　）

63. 应用样式时，可以使用格式刷功能进行复制粘贴。（　　　）

64. 删除样式时，在快速样式库和样式任务窗格中进行删除效果是一样的，没有区别。（　　　）

65. 呈现为一条单点虚线的自然分页符只有在大纲视图中才可以看到。（　　　）

66. 软回车和硬回车都可以通过查找/替换功能删除。（　　　）

67. 阅读版式视图只能以全屏方式显示。（　　　）

68. 对文档区域的分栏只能采用等分分隔处理，无法自定义每个栏的宽度。（　　　）

69. 在页面设置过程中，若下边距为 2cm，页脚区域为 0.5cm，则版心底部距离页面底部的实际距离为 2.5cm。（　　　）

70. 如需使用导航窗格对文档进行标题导航，必须预先为标题文字设定大纲级别。（　　　）

71. 插入一个分栏符能够将页面分为两栏。（　　　）

72. 设置页码格式和在指定位置插入页码是两个独立的操作，要分开进行。（　　　）

73. 只有在页面视图中才能调整页面的显示比例。（　　　）

74. 有时在页眉文字的下方会出现一条横线，但这条横线是无法删除的。（　　　）

75. 主控文档与其包含的子文档既可以保持一种彼此独立的链接关系，也可以将子文档嵌入主控文档中存储为同一个文档。（　　　）

76. 主控文档中的子文档既可以折叠为几行超链接，也可以展开为长文档并自动生成整个文档的目录。（　　　）

77. 导航窗格主要用于长文档的编辑浏览。（　　　）

78. 文字和段落样式的分类，根据创建主题的不同分为内置样式和自定义样式。（　　　）

79. 文档的页眉页脚不是每篇文档必须设置的。（　　　）

80. 一篇 Word 文档只能由一个审阅者进行批注和修订。（　　　）

81. 批注是文档的一部分，批注框内的内容可直接用于文档。（　　　）

82. 在"表格属性"对话框中，将"表格"选项卡中的对齐方式改为"居中"，则整个表格位于页面中央。（　　　）

83. 审阅者在添加批注时，不能更改显示在批注框内的用户名。（　　　）

84. 域结果的格式不能改变。（　　　）

85. "等式和公式"属于域的一个类别。（　　　）

86. 与页码设置一样，脚注也支持节操作，可以为注释引用标记在每节中重新编号。（　　　）

87. 编号所在页面下方的解释是脚注，在章节结尾或全文末尾的解释是尾注。（　　）

88. 修订是直接对文章进行更改，并以批注的形式显示，用户不仅能看出哪些地方修改了，还可以选择接受或不接受修改。（　　）

89. 域最大的特点就是域内容可以根据文档的改动或其他有关因素的变化而自动更新。（　　）

90. 当插入页码时，页码的范围只能从 1 开始。（　　）

91. 在 Word 中，可以一次删除所有批注。（　　）

92. 如需对 Word 中的某个样式进行修改，可单击"插入"选项卡中的"更改样式"按钮。（　　）

93. 域就像一段程序代码，文档中显示的内容是域代码运行的结果。（　　）

94. 文档右侧的批注框只用于显示批注。（　　）

95. 可以通过插入域代码的方法在文档中插入页码，具体方法是先输入花括号"{"，再输入"page"，最后输入花括号"}"。选中域代码后按 Shift+F9 组合键，即可显示当前页页码。（　　）

96. 目录和索引分别定位了文档中标题和关键词所在的页码，便于阅读和查找。（　　）

97. 在文档的任何位置都可以运用 TC 域标记为目录项建立目录。（　　）

98. 域代码中的域名是关键字，不可省略。（　　）

99. 批注和修订标记的颜色只能是红色。（　　）

100. 域是文档中可能发生变化的数据或邮件合并文档中套用信封、标签的占位符。（　　）

101. 批注会对文档本身进行修改。（　　）

102. 如果有多人参与批注或修订操作，只能显示所有审阅者的批注和修订，而不能进行选择性显示。（　　）

103. 域是不能更新的。（　　）

104. 打印时，在 Word 中插入的批注将与文档内容一起被打印出来，无法隐藏。（　　）

105. 删除批注时只能逐个删除。（　　）

106. 样式的优先级可以在新建样式时自行设置（　　）

107. 域代码中的域参数是必选项，不能省略。（　　）

108. Word 允许嵌套使用"域"。（　　）

109. 如果要在更新域时保留原格式，只要将域代码中的"*MERGEFORMAT"删除即可。（　　）

110. 中国的引文样式标准是 ISO690。（　　）

111. 嵌入式批注就是把批注内容放在批注内容的后面。（　　）

112. 在一般论文中，图片和图形的题注在其下方，表格的题注在其上方。（　　）

113. 按一次 Tab 键就右移一个制表位，按一次 Delete 键就左移一个制表位。（　　）

114. 题注是针对标题的注释。（　　）

115. 批注是间接显示在文档中的信息，是对文章的建议和意见。（　　）

116. 目录生成后会独占一页，正文内容会自动从下一页开始。（　　）

117. 域特征字符可以直接输入。（　　）

118. "邮件合并"不是域的一个类别。（　　）

119. 位于每节或文档结尾，用于对文档某些特定字符、专有名词或术语进行注解的注释，就是脚注。（　　　）

120. 批注仅是审阅者为文档的一部分内容所做的注释，并没有对文档本身进行修改。（　　　）

121. 域代码不区分英文大小写。（　　　）

122. Word 提供了自动逐条定位批注功能。（　　　）

123. 在插入页码和制作目录时都用到了域。（　　　）

124. 域有两种显示方式：域代码和域结果。（　　　）

125. 隐藏修订不会从文档中删除现有的修订或批注。（　　　）

126. 在 Word 文档中不能一次删除所有批注。（　　　）

127. 使用键盘输入域代码后必须更新域才能显示域结果。（　　　）

128. 域可以被锁定，断开与信息源的链接后，域可以转换为不会改变的永久内容。（　　　）

129. 使用 Excel 时，除在"视图"功能组中可以进行显示比例的调整外，还可以在工作簿右下角的状态栏拖动缩放滑块进行快速设置。（　　　）

130. 要提取某数据区域内满足某条件且唯一存在的记录应使用 DGET 函数。（　　　）

131. 在 Excel 中，数组常量不得含有不同长度的行或列。（　　　）

132. 在"学生成绩表"中运用"条件格式"中的"项目选取规划"功能，可以自动显示"成绩"列前 10 名的单元格格式。（　　　）

133. 在 Excel 中，数组常量中的值可以是常量和公式。（　　　）

134. 拒绝修订功能等同于撤销操作。（　　　）

135. 所有函数都必须填写参数。（　　　）

136. Excel 使用的是从公元 0 年开始的系统日期。（　　　）

137. 在 Excel 中，只能用"套用表格格式"设置表格样式，不能设置单个单元格的样式。（　　　）

138. 通过设置"打印标记"选项，可以选择文档中的修订标记是否被打印出来。（　　　）

139. 在 Excel 中，套用表格格式后可在"表格样式"中使用"汇总行"功能显示汇总行，但不能在汇总行中进行数据类别的选择和显示。（　　　）

140. 打印时，在 Word 文档中插入的批注可以隐藏起来，不与文档一起打印。（　　　）

141. ROUND 函数用于返回指定小数位数的四舍五入的数值，该函数的第二个参数只能是正整数。（　　　）

142. 在 Excel 中，只能设置表格的边框，不能设置单元格的边框。（　　　）

143. 在 Excel 中，数组区域的单元格可以单独编辑。（　　　）

144. 在 Excel 的同一个数组常量中不可以使用不同类型的值。（　　　）

145. 在 Excel 中，符号"&"是文本运算符。（　　　）

146. 在 Excel 中只能插入和删除行、列，但不能插入和删除单元格。（　　　）

147. 如需编辑公式，可单击"插入"选项卡中"fx"图标按钮启动公式编辑器。（　　　）

148. COUNT 函数用于计算区域中的单元格个数。（　　　）

149. 在 Excel 工作表中对选定区域求和或平均值时，有文字、逻辑值的单元格或空白单元格将忽略不计。（　　　）

150. 在审阅时，对于文档中的所有修订标记只能全部接受或全部拒绝。（　　　）

151. 在 Excel 中，数组常量可以分为一维数组和二维数组。（　　）

152. 在 Excel 中，可以自定义选项卡和快速访问工具栏。（　　）

153. 在 Excel 中，当插入图片、剪贴画、屏幕截图后，选项卡就会出现"图片工具-格式"选项卡，在该选项卡中即可进行相应的设置。（　　）

154. 在 Excel 中，除可创建空白工作簿外，还可以下载多种 office.com 中的模板。（　　）

155. Excel 中的三维引用的运算符是"!"。（　　）

156. 在 Excel 中，后台"保存自动恢复信息的时间间隔"默认为 10 分钟。（　　）

157. 要将最近使用的工作簿固定到列表中，可打开"最近所用文件"，单击想固定的工作簿右边对应的按钮即可。（　　）

158. 在 Excel 中输入分数时，需在输入的分数前加一个"0"和一个空格。（　　）

159. Excel 中的数据库函数的参数个数均为 4 个。（　　）

160. MID 函数和 MOD 函数的返回值都是字符。（　　）

161. 使用 DAVERAGE 函数可计算列表或数据库的列中指定条件的数值的平均值。（　　）

162. ROUND 函数是向上取整函数。（　　）

163. 使用 DGET 函数可以从列表或数据库的列中提取符合指定条件的单个值。（　　）

164. 在 Excel 中，只要应用了一种表格格式，就不能对表格格式进行更改和清除。（　　）

165. 在 Excel 中只能清除单元格中的内容，不能清除单元格中的格式。（　　）

166. Excel 中的数据库函数都以字母 E 开头。（　　）

167. 文档左侧的批注框只用于显示批注。（　　）

168. 审阅者添加的修订只能接受，不能拒绝。（　　）

169. 使用数据验证功能可对数据的输入值进行校验。（　　）

170. MOD 函数得到的是商。（　　）

171. 使用 COUNT 函数可返回指定文本包含字符的个数。（　　）

172. 在 Excel 中只要运用了套用表格格式，就不能消除表格格式，也不能把表格转为原始的普通表格。（　　）

173. 在 Excel 中不能进行超链接设置。（　　）

174. 进行数据筛选前必须先建立一个条件区域。（　　）

175. YEAR(NOW())函数可以返回当前的年份。（　　）

176. Excel 中使用分类汇总，必须先对数据区域进行排序。（　　）

177. Excel 中的 Hlookup 函数的参数 lookup_value 不可以是数值。（　　）

178. 自定义自动筛选可以一次对某字段设定多个（2 个或 2 个以上）条件。（　　）

179. 在 Excel 中，不排序就无法正确执行分类汇总操作。（　　）

180. MEDIAN 函数返回给定数值集合的平均值。（　　）

181. HOUR 函数可以返回小时数值。（　　）

182. 高级筛选可以将筛选结果放在指定的区域。（　　）

183. COUNTBLANK 函数用于统计某区域中空单元格的数量。（　　）

184. 当 IPMT 函数、PMT 函数、FV 函数用到有关利率的参数时，对于利率是否为固定利率无所谓。（　　）

185. 数据透视表中的字段是不能修改的。（　　）

186. 在创建数据透视图的同时系统会自动创建数据透视表。（　　）

187. 取消"汇总结果显示在数据下方"复选框的勾选状态后，将不再显示汇总结果。（　　）

188. Hlookup 函数用于在表格或区域的第一行搜寻特定值。（　　）

189. 再次执行分类汇总时一定会替换前一次的汇总结果。（　　）

190. 高级筛选无须建立条件区，只需指定数据区域即可。（　　）

191. 在 Excel 表格中是无法执行分类汇总操作的。（　　）

192. 排序时如果有多个关键字段，则所有关键字段必须选用相同的排序趋势（递增/递减）。（　　）

193. Excel 中的 Hlookup 函数可以在表格或区域的第一行搜索特定的值。（　　）

194. 不同字段之间进行"或"运算时必须使用高级筛选。（　　）

195. 只有每列数据都含标题的工作表才能使用记录单功能。（　　）

196. 创建数据透视表时，"数值"中的字段指明了进行汇总的字段的名称及汇总方式。（　　）

197. 在 Excel 中，工作表和表格是同一个概念。（　　）

198. 在 Excel 中可以进行嵌套分类汇总。（　　）

199. 高级筛选可以对某字段设定多个（2 个或 2 个以上）条件。（　　）

200. 使用记录单可以快速地在指定位置插入一条记录。（　　）

201. YEAR 函数可以取出系统当前的时间。（　　）

202. 创建数据透视表时，"行标签"中的字段只能有一个。（　　）

203. MID 函数可以从文本指定位置取出指定个数的字符。（　　）

204. 自动筛选可以将满足条件的记录快速显示在指定区域中。（　　）

205. 对一张已经排好序的 Excel 表格，可以直接进行分类汇总。（　　）

206. 当原始数据发生变化后，只需单击"更新数据"按钮，数据透视表就会自动更新数据。（　　）

207. Excel 工作表的数量可根据工作需要适当增加或减少，并可以进行重命名、设置标签颜色等相应的操作。（　　）

208. 创建数据透视表时，"列标签"中字段对应的数据将分别占透视表的一列。（　　）

209. 高级筛选可以将满足条件的记录快速显示在指定区域中。（　　）

210. 如果所选条件出现在多列中，并且条件之间有"与"的关系，则必须使用高级筛选。（　　）

211. FV 函数用于计算固定利率等额还款的某投资额的未来值。（　　）

212. 一旦分类汇总完成，就无法恢复到数据区域的初始状态了。（　　）

213. 分类汇总只能按一个字段进行分类。（　　）

214. 如果只想在原有字符里添加几个新字符,那么无法使用 REPLACE 函数实现。（　　）

215. 在 Excel 工作表中建立数据透视图时，数据系列只能是数值。（　　）

216. 在 Excel 中可以更改工作表的名称和位置。（　　）

217. 创建数据透视表时，"行标签"中字段对应的数据将分别占透视表的一行。（　　）

218. RAND 函数经过一次计算后，其结果就固定了。（　　）

219. 在 Excel 中，如果某列的数据类型不一致，则排序结果会有问题。（　　）

220. 修改了图表数据源单元格中的数据，图表会随之自动刷新。（　　　）

221. 在 Excel 中设置"页眉和页脚"，只能通过"插入"选项卡插入页眉和页脚，没有其他操作方法。（　　　）

222. 自动筛选和高级筛选都可以将结果筛选至另外的区域中。（　　　）

223. 在 Excel 中，可以根据字体颜色进行排序。（　　　）

224. 在 Excel 中，切片器只能用于数据透视表中。（　　　）

225. 在 Excel 中，迷你图可以显示一系列数值的变化趋势，并突出显示最值。（　　　）

226. 数据透视图的本质是将数据透视表以图表的形式显示出来。（　　　）

227. 在 Excel 中，分类汇总的数据折叠层次最多是 8 层。（　　　）

228. 在 Excel 中创建数据透视表时，可以从外部（如 DBF、MDB 等数据库文件）获取源数据。（　　　）

229. 自动筛选只能筛选出满足"与"关系的记录。（　　　）

230. 使用 IPMT 函数计算某个月的贷款利息时要将利率转换为月利率。（　　　）

231. SUMIF 函数和 COUNTIF 函数一样，都有两个参数。（　　　）

232. IS 类函数属于统计函数。（　　　）

233. Excel 中的 Vlookup 函数的最后一个参数是 FALSE，表示最近似匹配。（　　　）

234. 自动筛选的条件只能是一个，高级筛选的条件可以是多个。（　　　）

235. 文件安全性设置可以防打开，防修改，防丢失。（　　　）

236. 使用密码进行加密时，如果忘记了密码，就无法使用此文档。（　　　）

237. 在排序"选项"中可以指定关键字段按字母排序或按笔画排序。（　　　）

238. 在 PowerPoint 中，旋转工具能旋转文本和图形对象。（　　　）

239. 使用 Excel 的保护工作簿功能时，可选对象有结构和窗口两个选项。（　　　）

240. 在 Excel 中，执行"数据"→"获取外部数据"→"自文本"菜单命令，可以按文本导入的方式把数据导入工作表中。（　　　）

241. Office 的 Word 文档有两种密码，一种是打开密码，一种是文档保护密码。（　　　）

242. Word 文档的窗体保护功能可分为分节保护和窗体域保护（　　　）

243. 在幻灯片母版中进行设置，可以统一整个幻灯片的风格。（　　　）

244. 对一个工作表进行保护，并锁定单元格的内容之后，若想要重新编辑，则应先取消工作表保护状态。（　　　）

245. Office 的所有组件都可以通过录制宏来记录操作。（　　　）

246. 不带分隔符的文本文件导入 Excel 时无法分列。（　　　）

247. 在 Office 的所有组件中，用来编辑宏代码的开发工具的选项卡并不在功能区中，需要特别设置。（　　　）

248. 宏是一段程序代码，可以使用任意一种高级语言编写宏代码。（　　　）

249. 演示文稿的背景色最好采用统一的颜色（　　　）

250. 在 Word 中，人员限制权限可分为用户账户权限和文档权限。（　　　）

251. PPT 文档保护可用于文件内容的加密，该功能需要在"文件"菜单的"信息"选项中进行设置。（　　　）

252. 在"受保护的视图"下打开某文档，所有人都不能编辑该文档。（　　　）

253. 标记为最终状态的同时可以将文档设为只读模式。（　　　）

254. 在 Word 文档保护的"格式设置限制"对话框中，有"全部""推荐的样式""无"三个按钮。（　　　）

255. 如果对一个工作表进行保护，并锁定了单元格内容，那么用户只能选定单元格，不能进行其他操作。（　　　）

256. PPT 文档保护可用于文件内容的加密。（　　　）

257. 可以通过"加密文档"给文档增加密码，只有拥有密码的用户才能打开该文档。（　　　）

258. Office 中的宏很容易潜入病毒，即宏病毒。（　　　）

259. 保存 Office 文件时，可以设置打开或修改文件的密码。（　　　）

260. PPT 文档保护可以采取加密方式和文件类型转换方式。（　　　）

261. 若要使格式设置限制或编辑限制生效，则必须启动强制保护功能。（　　　）

262. 在幻灯片中，超链接的颜色是不能改变的。（　　　）

263. 若要使格式设置限制或编辑限制生效，不一定需要启动强制保护功能。（　　　）

264. 使用 Excel 的保护工作簿功能时，可以保护工作表和锁定指定单元格的内容（　　　）

265. 可以通过"按人员限制权限"功能给"密友"赋予读取或修改文档的权限，其他人想要操作文档只能先请求权限。（　　　）

266. Excel 提供了保护工作表、保护工作簿和保护特定工作区域的功能。（　　　）

267. Word 文档的格式可以限制对选定的样式进行格式设置。（　　　）

268. 添加数字签名也是目前比较流行的一种文档保护方式。（　　　）

269. 可以使用 VBA 编写宏代码。（　　　）

270. 在 Excel 中，既可以按行排序，也可以按列排序。（　　　）

271. Word 保护文档的编辑限制分为修订、批注、填写窗体、不允许任何修改（只读）四种。（　　　）

272. 在幻灯片中，可以对文字进行三维效果设置。（　　　）

273. dotx 格式是启用宏的模板格式，而 dotm 格式无法启用宏。（　　　）

274. 在幻灯片母版中进行设置，可以统一标题和内容。（　　　）

附录A 单选题和判断题参考答案

1. 单选题

1	2	3	4	5	6	7	8	9	10
C	D	B	C	B	C	D	D	A	D
11	12	13	14	15	16	17	18	19	20
A	D	D	A	D	D	C	B	D	B
21	22	23	24	25	26	27	28	29	30
B	D	B	A	A	D	C	C	B	D
31	32	33	34	35	36	37	38	39	40
D	D	C	C	A	B	D	A	A	A
41	42	43	44	45	46	47	48	49	50
D	B	D	D	B	C	A	B	B	D
51	52	53	54	55	56	57	58	59	60
D	B	D	D	B	C	B	D	C	B
61	62	63	64	65	66	67	68	69	70
B	A	C	C	D	C	D	C	C	D
71	72	73	74	75	76	77	78	79	80
A	A	C	C	D	C	A	B	D	A
81	82	83	84	85	86	87	88	89	90
A	B	A	D	C	A	A	C	C	D
91	92	93	94	95	96	97	98	99	100
A	C	B	B	D	C	C	C	B	D
101	102	103	104	105	106	107	108	109	110
A	C	C	C	D	A	A	D	B	B
111	112	113	114	115	116	117	118	119	120
B	B	D	A	C	C	B	D	A	B
121	122	123	124	125	126	127	128	129	130
A	A	C	B	D	A	C	B	B	B
131	132	133	134	135	136	137	138	139	140
B	B	B	C	C	B	A	B	B	C
141	142	143	144	145	146	147	148	149	150
B	C	A	C	A	A	A	B	A	A

续表

151	152	153	154	155	156	157	158	159	160
B	A	B	B	C	D	A	B	A	D
161	162	163	164	165	166	167	168	169	170
D	D	A	B	C	C	B	D	B	D
171	172	173	174	175	176	177	178	179	180
D	B	B	B	B	D	C	D	B	C
181	182	183	184	185	186	187	188	189	
B	A	D	C	D	B	B	C	B	

2. 判断题

1	2	3	4	5	6	7	8	9	10
√	√	√	×	√	×	√	×	×	√
11	12	13	14	15	16	17	18	19	20
√	√	×	√	√	×	×	×	×	×
21	22	23	24	25	26	27	28	29	30
√	×	√	√	√	√	×	×	×	×
31	32	33	34	35	36	37	38	39	40
×	×	×	√	×	√	×	×	√	√
41	42	43	44	45	46	47	48	49	50
√	×	×	×	√	×	√	×	√	×
51	52	53	54	55	56	57	58	59	60
√	√	√	×	×	×	√	√	×	√
61	62	63	64	65	66	67	68	69	70
×	√	√	×	×	√	×	×	×	√
71	72	73	74	75	76	77	78	79	80
×	×	×	×	√	√	√	√	√	×
81	82	83	84	85	86	87	88	89	90
×	√	√	×	√	√	√	√	√	×
91	92	93	94	95	96	97	98	99	100
√	×	√	×	×	√	×	√	×	√
101	102	103	104	105	106	107	108	109	110
×	×	×	×	×	√	√	√	×	×
111	112	113	114	115	116	117	118	119	120
√	√	×	×	√	×	√	×	×	√
121	122	123	124	125	126	127	128	129	130
√	√	√	√	√	×	√	√	√	×
131	132	133	134	135	136	137	138	139	140
√	√	√	×	×	×	×	√	×	×

续表

141	142	143	144	145	146	147	148	149	150
×	×	×	×	√	×	√	×	√	×
151	152	153	154	155	156	157	158	159	160
√	√	√	√	√	√	√	×	×	×
161	162	163	164	165	166	167	168	169	170
√	×	√	×	×	√	×	×	√	×
171	172	173	174	175	176	177	178	179	180
×	×	×	×	√	√	×	×	×	×
181	182	183	184	185	186	187	188	189	190
√	√	√	×	×	×	√	×	×	×
191	192	193	194	195	196	197	198	199	200
√	×	×	×	√	√	×	√	√	√
201	202	203	204	205	206	207	208	209	210
×	×	√	×	×	×	√	×	√	√
211	212	213	214	215	216	217	218	219	220
√	×	×	×	×	√	×	×	√	×
221	222	223	224	225	226	227	228	229	230
×	×	√	×	√	√	√	√	×	√
231	232	233	234	235	236	237	238	239	240
×	×	×	√	√	×	√	√	√	√
241	242	243	244	245	246	247	248	249	250
×	√	√	√	√	×	√	×	√	√
251	252	253	254	255	256	257	258	259	260
√	√	√	√	√	√	√	√	√	√
261	262	263	264	265	266	267	268	269	270
×	×	√	√	√	√	√	√	√	√
271	272	273	274						
√	√	×	×						

附录 B 考试大纲

本附录为浙江省高校非计算机专业计算机等级考试《二级办公软件高级应用技术考试大纲》。

一、基本要求

1. 掌握 Office 2019 各组件的运行环境、视窗元素等。

2. 掌握 Word 2019 的基础理论知识以及高级应用技术，能够熟练掌握长文档的排版（页面设置、样式设置、域的设置、文档修订等）。

3. 掌握 Excel 2019 的基础理论知识以及高级应用技术，能够熟练操作工作簿、工作表、熟练地使用函数和公式，能够运用 Excel 内置工具进行数据分析、能够对外部数据进行导入导出等。

4. 掌握 PowerPoint 2019 的基础理论知识以及高级应用技术，能够熟练掌握模版、配色方案、幻灯片放映、多媒体效果和演示文稿的输出。

5. 掌握 Outlook 2019 的基础理论知识以及高级应用技术，能够熟练进行邮件与账户管理、管理日程与计划时间、管理任务、组织与管理信息。

6. 了解 Office 2019 的文档安全知识，能够利用 Office2019 的内置功能对文档进行保护。

7. 了解 Office 2019 的宏知识、VBA 的相关理论，并能够简单应用 VBA。

二、考试范围

（一）Word 2019 高级应用

1. Word 2019 页面设置：正确设置纸张、版心、视图、分栏、页眉页脚、掌握节的概念并能正确使用。

1）纸张大小。

2）版心的大小和位置。

3）页眉与页脚（大小位置、内容设置、页码设置）。

4）节的概念（节的起始页、奇偶页的页眉/页脚不同、自动编列行号）。

2. Word 2019 样式设置。

1）掌握样式的概念，能够熟练地创建样式、修改样式的格式，使用样式（样式涵盖的各种格式、修改既有样式、新增段落样式、新增字符样式、内建样式）。

2）掌握模板的概念，能够熟练地建立、修改、使用、删除模板（模板的概念，各种设置的栖身规则、Word 内建模板、Normal.dotx、全局模板、模板的管理）。

3）正确使用脚注、尾注、题注、交叉引用、索引和目录等引用。

（1）脚注（脚注及尾注概念、脚注引用及文本）。

（2）题注（题注样式、题注标签的新增、修改、题注和标签的关系）。

（3）交叉引用（引用类型、引用内容）。

（4）索引（索引相关概念、索引词条文件、自动化建索引或手动建索引）。

（5）目录（自动生成目录、手工添加目录项、目录的更新、图表目录的生成）。

3. Word 2019 域的设置：掌握域的概念，能按要求创建域、插入域、更新域。

1）域的概念。

2）域的插入及更新（插入域、更新域、显示或隐藏域代码）。

3）常用的一些域（Page 域［目前页次］、Section 域［目前节次］、NumPages 域［文档页数］、TOC 域［目录］、TC 域［目录项］、Index 域［索引］、StyleRef 域）。

4）StyleRef 域选项（域选项、域选项的含义、StyleRef 的应用）。

4. 文档修订：掌握批注、修订模式，审阅。

1）批注、修订的概念。

2）批注、修订的区别。

3）批注、修订使用。

4）审阅的使用。

（二）Excel 2019 高级应用

1. 工作表的使用。

1）能够正确地分割窗口、冻结窗口，使用监视窗口。

2）深刻理解样式、模板概念，能新建、修改、应用样式，并从其他工作薄中合并样式，能创建并使用模板，并应用模板控制样式。

3）使用样式格式化工作表。

2. 单元格的使用。

1）单元格的格式化操作。

2）创建自定义下拉列表。

3）名称的创建和使用。

3. 函数和公式的使用。

1）掌握函数的基本概念。

2）熟练掌握 Excel 内建函数（统计函数、逻辑函数、数据库函数、查找与引用函数、日期与时间函数、财务函数等），并能利用这些函数对文档数据进行统计、分析、处理。

3）掌握公式和数组公式的概念，并能熟练掌握对公式和数组公式的使用（添加，修改，删除）。

4. 数据分析。

1）掌握 Excel 表格的概念，能设计表格，使用记录单，利用自动筛选、高级筛选以及数据库函数来筛选数据列表，能排序数据列表，创建分类汇总。

2）了解数据透视表和数据透视图的概念，并能创建数据透视表和数据透视图，在数据透视表中创建计算字段或计算项，并能组合数据透视表中的项目。

3）使用切片器对数据透视表进行筛选，使用迷你图对数据进行图形化显示。

5. 外部数据导入与导出：与数据库、XML 和文本的导入与导出。

（三）PowerPoint 2019 高级应用

1. 模板与配色方案的使用。

1）掌握设计模板的使用方法，并能运用多重设计模板。

2）掌握使用、创建、修改、删除配色方案，包括以下颜色的设置（背景颜色、文本与线条颜色、阴影颜色、标题文本颜色、填充颜色、强调颜色、强调文字与超链接、强调文字与已访问的超链接等）。

2. 母板的使用：掌握标题母板、幻灯片母板的使用方法（母板字体设置、日期区设置、页码区设置）。

3. 幻灯片动画设置：自定义动画的设置、动画延时设置、幻灯片切换效果设置、切换速度设置、自动切换与鼠标单击切换设置、动作按钮的使用。

4. 幻灯片放映：幻灯片隐藏、实现循环播放。

5. 演示文稿输出：掌握将演示文稿发布成 Web 页的方法、掌握将演示文稿打包成 CD 的方法。

（四）Outlook 2019 邮件与事务日程管理软件

1. 邮件与账户管理。

1）创建邮件账户（IMAP 或 POP3）并管理 Outlook 数据文件（创建和删除邮件文件夹、更改数据文件设置、在文件夹中移动邮件、设置自动存档、清空已删除和已发送文件夹）等。

2）配置电子邮件的安全设置、发送设置、附件存档、敏感度和重要性等。

3）选择账户创建邮件并进行日历传递、会议邀请和答复、跟踪、标记、意见征询投票等操作设置。

4）使用默认方法或创建"快速步骤"，一键完成经常进行的多步操作。

5）创建搜索文件夹，用来快速搜索某个数据文件中的所有指定的邮件。

6）创建规则管理邮件，将所有接收和发送的邮件自动完成符合预先设置规则的操作（设置移动邮件规则、设置分类邮件规则、设置转发邮件规则、设置删除邮件规则）。

2. 管理日程与计划时间。

1）自定义日历设置、设定每周工作日、显示多个时区、更改时区、向日历内添加预设假期、与其他人共享日程、查看其他日程、个人忙或闲设定、日历提醒设置等。

2）查看他人的日历、以重叠模式查看多个日历等。

3）发送会议请求，发送强制会议要求，发送可选会议要求，查看与会者忙闲状态，追踪会议要求的回复，安排会议资源，建议、拒绝或响应会议要求，建议更改会议时间，增加与会者，修改周期性会议请求，只向新与会者发送会议更新，取消会议等。

4）从邮件中创建约会、会议或事件，从任务中创建约会、会议或事件，对约会、会议或事件进行标记等。

3. 管理任务。

1）创建周期性任务、从邮件创建任务、设置任务的状态、优先性和完成百分比、标记任务、任务提醒设置等。

2）创建或修改和标记为已完成任务、接受或拒绝或转让或更新和回应任务、向他人指派任务等。

　　3）管理联系人和个人联系信息。

　　4）从邮件中创建联系人、从电子名片中创建联系人、将接收到的联系人记录保存为联系人、修改联系人信息等。

　　5）编辑和使用电子名片、向他人发送电子名片、将电子名片设置为签名等。

　　6）建立和修改通信组列表、为联系人添加二级通信簿、从文件中导入二级通信簿等。

　　4. 组织与管理信息。

　　1）通过色彩来分类 Outlook 2019 中的各项目（标记邮件、约会、会议、联系人和任务）、按照颜色排序 Outlook 条目等。

　　2）通过搜索功能定位 Outlook 2019 中的项目（查找全部邮件文件夹、搜寻关于某个人的信息、搜寻任务或联系人）等。

　　3）邮件视图设置（显示、隐藏和移动阅读窗格、自定义 Outlook、显示或隐藏或最小化待办事项栏、自定义待办事项栏等）。

　　4）创建和管理 Outlook 2019 资料文件、导入或导出数据文件等。

（五）Office 公共组件的使用

　　1. 安全设置：Word 文档的保护，Excel 中的工作簿、工作表、单元格的保护，PowerPoint 演示文稿安全设置：正确设置演示文稿的打开权限、修改权限密码。

　　1）文档安全权限设置。

　　2）Word 文档保护机制：格式设置限制、编辑限制。

　　3）Word 文档窗体保护：分节保护、复选框窗体保护、文字型窗体域、下拉型窗体域。

　　4）Excel 工作表保护：工作簿保护、工作表保护、单元格保护、文档安全性设置、防打开设置、防修改设置、防泄私设置、防篡改设置。

　　2. 宏的使用。

　　1）宏的概念。

　　2）宏的制作及应用。

　　3）宏与文档及模板的关系（与文档及模板关系、宏的存储位置管理）。

　　4）VBA 的概念（VBA 语法基础、Word 对象及模型概念、常用的一些 Word 对象）。

　　5）宏安全（宏病毒概念、宏安全性设置）

参考文献

［1］卢莹莹．Office 2019 实例教程（微课版）［M］．北京：清华大学出版社，2021．

［2］贾小军，童小素．办公软件应用实验案例精选（Office 2019 微课版）［M］．北京：中国铁道出版社，2021．

［3］耿文红，王敏，姚亭秀．Office 2019 办公应用入门与提高［M］．北京：清华大学出版社，2021．

［4］龙马高新教育．Office 2019 办公应用从入门到精通［M］．北京：北京大学出版社，2019．

［5］石利平．计算机应用基础教程（Windows 10+Office 2019）［M］．北京：中国水利水电出版社，2020．

［6］凤凰高新教育．Office 2019 完全自学教程［M］．北京：北京大学出版社，2019．

［7］姜永生，姚琛，李晓霞．大学计算机基础（Windows10+Office2019）［M］．北京：高等教育出版社，2020．

［8］王雪蓉．计算机应用基础（Windows 2010+Office 2019 微课版）［M］．北京：清华大学出版社，2020．

［9］马文静．Office 2019 办公软件高级应用［M］．北京：电子工业出版社，2020．

［10］林菲．办公软件高级应用（Office 2019）［M］．杭州：浙江大学出版社，2021．